EARTHQUAKE
Nature and Culture

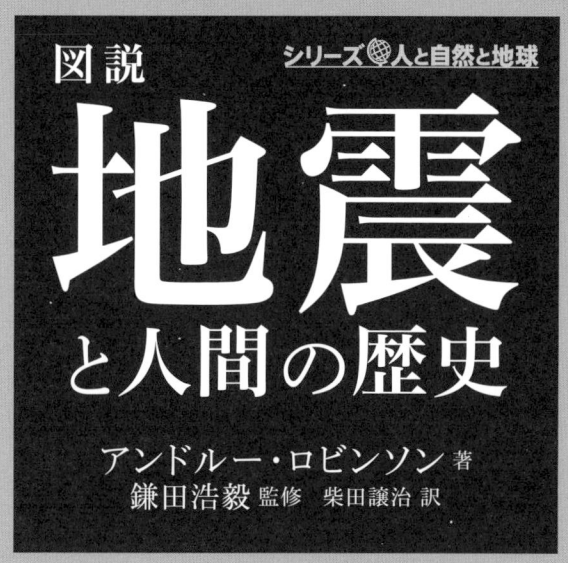

図説
地震
と人間の歴史

アンドルー・ロビンソン 著
鎌田浩毅 監修　柴田譲治 訳

シリーズ●人と自然と地球

Andrew Robinson

原書房

監修のことば

鎌田浩毅
（京都大学大学院人間・環境学研究科　教授）

　地震は地球が起こすダイナミックな現象の代表例である。日本列島の住人には不可避なものであり、人類は長い時間をかけてその姿を明らかにしてきた。本書はシリーズ「人と自然と地球」の第一巻として、英国で生まれ自然科学の学位を持つ著名なサイエンス・ライターが、人間と地震との関わりを貴重な図版を用いて見事に描いた力作である。日本に比べると地震が格段に少ない西欧人の客観的な視点から、地震現象がどのように受け取られ、また科学としての地震学がいかにして誕生し発展したかを詳細に解説する。

　地球の活動や歴史を研究する地球科学には「過去は未来を解く鍵」という言葉がある。たとえば、地震現象を理解する際にも過去に起きた地震の歴史をくわしく調べて、未来にも同じことが起きることを予測するのだ。本書でもその考え方が踏襲され、ポルトガルやイタリアなどで大災害をもたらした地震とともに、日本で起きた関東大震災の具体的な事実を記述する。さらに、2011年に発生した東日本大震災（東北地方太平洋沖地震）についても言及し、今後必要な「地震への対策」について考察を深めてゆく。

　実は、マグニチュード9.0という未曾有の巨大地震の発生以後、日本列島は約1000年ぶりの地殻変動地帯になった、というのが私を含めて地球科学専門家の共通認識である。すなわち、東日本大震災を契機として、我が国が9世紀に経験したような地震と火山噴火が頻発する時代に突入してしまったのである。

　その中でもっとも心配されるのが、西暦2030年代の発生が予想される南海トラフ巨大地震である（拙著『生き抜くための地震学』ちくま新書）。これは東北地方太平洋沖地震と同規模

のマグニチュード9.1の巨大地震と、最大高さ34メートルという津波が日本列島の西半分を襲うもので、東日本大震災よりも一桁大きい激甚災害に見舞われることが確実視されている。ちょうど本書でも描かれている1755年のリスボン大地震のような惨状が現出し、地震後のポルトガルが衰退期に入ったのと似たような経過をたどることが懸念されている。ここに盛り込まれた最新の情報は、これからの日本人が知っておくべき必須の事実と言っても過言ではない。

　本書は科学としての地震学とプレート・テクトニクスの分かりやすい解説書の役割も果たしており、第8章「予測できない現象を予測する」のように、未来を予測する地球科学の利点と限界を知るための格好の読み物となっている。東日本大震災では巨大災害の発生を予知できなかった地震学に批判が集まったが、一般市民として科学的な成果を無視するでも盲信するでもなく、的確なスタンスで理解し利用することが必要なのである。さらに、英国の哲学者フランシス・ベーコンが「知識は力なり」と説いたように、地震に関する正しいリテラシーがあるかどうかが「日本列島で生き延びられるかどうか」を決定するだろう。こうした観点から今後、日本人のライフスタイルを変えてゆく際にもきわめて優れた著作と言えよう。

目　次

監修のことば　3

第1章　大地を揺るがす出来事　7

第2章　神の怒り――1755年リスボン　35

第3章　地震学のはじまり　53

第4章　関東大震災――1923年東京　75

第5章　地震の測定　95

第6章　断層、プレート、大陸移動　111

第7章　サンアンドレアス断層の謎――カリフォルニア　133

第8章　予測できない現象を予測する　151

第9章　地震への対策　171

　　　　地震年表　189
　　　　原注　191
　　　　参考文献　197
　　　　関連ウェブサイト　199
　　　　図版　200
　　　　索引　201

第 1 章　大地を揺るがす出来事

　2008年2月末の普段通りの夜だった。深夜12時をまわった頃、私は不可思議な地震を経験した。ちょうど『黙示録——地震、考古学、神の怒り（Apocalypse: Earthquakes, Archaeology, and the Wrath of God）』というカリフォルニアの地震学者による興味深い著作について、科学誌『ネイチャー』に掲載する書評を書き終えたところだった。

　ロンドンにあるアパートの5階の部屋で原稿を校正していると、1～2秒間、床がほんのわずかだが動くのを感じた。パートナーは「地震じゃないの？」と冗談めかして言ったが、私には信じられなかった。何しろこの40～50年というものイギリスで地震にあった覚えがない。おそらくこのアパートの建つヴィクトリア朝初期の街区からそう遠くないところを走る、地下鉄の震動のせいだろうと思った。そして揺れのことはすぐに忘れてベッドに入った。

　ところが翌朝、BBCラジオのニュース番組は午前0時56分に確かに地震があったと発表していた。英国地質調査所（BGS British Geological Survey）の観測によると、震央はロンドンの北約200kmにあるリンカンシャー州で、震源の深さは5km、マグニチュードは5.2。同調査所の記録によればイギリスでは1984年以来となる、この四半世紀で最も大きな地震である。

　この地震でひとりが重傷を負った。煙突が崩れ、その瓦礫が屋根裏の寝室で寝ていた学生の上に落下し、学生は骨盤を痛めた。震央近くでは多くの家屋で、主に煙突や屋根、ブロック塀などが被害を受けた。また揺れで飛び起き、恐怖のあまり屋外へ出た住民も多く、救急サービスと英国地質調査所には電話が殺到した。スカンソープ近郊の住人のひとりは全国紙のインタ

ビューに「家全体が倒れそうなほど揺れ、屋根が落ちそうだった。竜巻かなにかで木が屋根に倒れてきたのかと思った」と答えている。さらに震央から南へ離れたノーザンプトンの住民によると、「すぐに地震だとわかった。アメリカの西海岸に4年住んでいたが、いずれにせよこれまで経験した中で一番大きな揺れ」で、家が倒壊するのではないかと思ったという。もうひとり東海岸近くの住人は、ロサンゼルスで経験した地震より「ずっと大きかった」と述べている[1]。

　イギリスでは小さい揺れが毎年200回前後、地震計に記録されている。マグニチュード4クラスの地震は平均2〜3年に1度、マグニチュード5の地震も平均10年に1度は起きている。1931年のマグニチュード6.1の地震は、地震学者によって観測されたイギリスで最大の地震だった。通常、こうして観測される地震のうちの90％は、一般の人々には気付かれないような弱い揺れである。また2008年2月27日に起きたマグニチュード5.2の地震のように、気付かれてはいても、その程度の地震などすぐに忘れられてしまう。だから多くの人々はイングランドは地震とは無関係だと思い込んでいるだろう。

　カリフォルニアやアラスカ、チリ、ペルー、メキシコ、そしてカリブ海の島々、北アフリカ、ポルトガル、イタリア、トルコ、イラン、パキスタン、インド、インドネシア、ニュージーランド、中国そして日本などで起きた地震は、破壊的な揺れで都市を壊滅させ、この時代に累計数百万人が犠牲となっている（中国では3000年前から地震の記録が残されていて、それによると中国だけでこれまでに1300万人以上が犠牲となり、そのうち83万人は1556年の想像を絶する大地震による）。こうした破滅的な地震とくらべれば、イギリスの地震は作家の胸をふるわせるような話題ではない。しかし歴史上の記録をひもとけば、イギリスに地震はないと高をくくったり無関心でいることに何の根拠もないことがわかる。

イギリスの地震の歴史から

　数学者チャールズ・デイヴィソンによる『イギリスの地震の歴史（A History of British Earthquakes)』は、イギリスの地震に関する信頼できる研究である。近代地震学の黎明期直前の

1924 年にケンブリッジ大学出版局から刊行されたこの本には、著者が事実と確認した 1190 件の地震が挙げられている。西暦 1000 年までの期間については資料が不足しているため、デイヴィソンは『歴史年表——大気、気象、季節、流星など（A General Chronological History of the Air, Weather, Seasons, Meteors, etc.)』という全 2 巻の希少な資料集を参考にせざるを得なかった。同書はシェフィールドの医師で王立協会フェローでもあったトマス・ショート博士の著書で、1749 年にロンドンで出版された。ショート博士はこうした「歴史のスクラップ」を収拾するのに 16 年を要したと述べているが、非常に残念なことに情報源の詳細を実質的にまったく明らかにしていない[2]。

『歴史年表』に最初に出てくるイギリスの地震は西暦 103 年のもので、イングランド西部のサマセットシャー州のとある「都市」で起き、「都市もその名ももろともに飲み尽くした」とされているが、非常に信憑性に乏しいことから、デイヴィソンはこの地震を取り上げていない。同資料にはまた、西暦 811 年にスコットランドのセント・アンドルーズを「壊滅させた」（「都市部の大部分を壊滅させ 1400 人の犠牲を出した」）地震が記録されているが、この地震についてもデイヴィソンその他の研究者は事実であるか疑わしいとして却下している[3]。

しかしショート博士の資料集をもとにする必要がなくなる西暦 1000 年以降は、デイヴィソンの地震史はより確実な内容になり、イギリスで発生した地震の信憑性のある事例を挙げている。1114 年にイングランドで猛烈な地震が発生した際、同時にイタリアでも地震が発生したのだが、クロイランド（現在のクロウランド）では新しく建設中だったリンカンシャー教会で工事中の壁面が「崩壊し、南側の壁には一面にひびが入ったため、屋根を上げるまで大工は丸太で壁を支えておかなければならなかった」[4]。1248 年にはサマセット州ウェルズにある有名な中世の大聖堂で、丸屋根が地震のために崩落した。1580 年のロンドンの地震では、クライスト・チャーチ病院から落下した石材の下敷きになり男児と女児が死亡した。セント・ポール大聖堂の被害はわずかだったが、このときの揺れでウェストミンスター宮の大きな鐘が鳴った。ドーヴァーではホワイトクリ

1750年4月、地震に危機感を募らせるロンドン市民を描いた版画。

フの一部と城壁の一部がイギリス海峡に崩れ落ちている。1692年の激しい揺れの震源はブラバント（現在のオランダとベルギーにあたる）と推定されたが、日記作家ジョン・イヴリンは息子がロンドン中心部にいたこともあって、ロンドン市民はこの地震で「恐怖のどん底」に陥れられたと地震直後の書簡に記している。当時サリー州にいたイヴリン自身はかすかに揺れを感じただけだった[5]。

　1750年にはイギリスの数カ所で地震が記録され、後に「地震の年」として知られるようになる。2月から3月にかけてロンドンは4回大きな地震に見舞われたが、4度目は震源がロンドン橋の北4.5kmの地点で、揺れは5〜6秒間続き、ウェストミンスター寺院の新しい尖塔から巨大な石材が落下している。続いて3月20日にも弱い揺れがあった。4月7日から8日にかけては、ある狂人の地震が起きるという予言にロンドン市民は危機感を募らせ、数千人もが家を飛び出して夜を過ごすことを選んだ。ハイドパークにテントを張ったり、馬車の中にいたり、ただ屋外にいるだけの者もいた。貴族で作家のホレス・ウォルポールは、友人を楽しませようとして書いた4月7日付けの手紙で、女性の中にはこの珍しい事態に際し、「地震ガウン」を着込んで暖を取りつつ野外に座り込む者もあったと書いている。貴族階級やジェントリなど経済的に余裕のある者は、こぞってロンドンを離れたので、「この3日間で730台の大型四輪馬車(コーチ)がハイドパーク・コーナーを通過し田舎へ向かっていった」と懐疑論者のウォルポールは記録している[6]。とこ

（上）「エセックス州で猛烈な地震」、1884年のイギリス大地震を伝える記事。

ろが地震が予言された当日になっても、地震は起きなかった（ただし6月に、揺れはなかったもののロンドンとノリジで「大砲のような音が轟いた」）[7]。それでも福音主義運動の指導者ジョン・ウェスレーをはじめとする、罪深きロンドン市民が悔い改め、神の怒りを免れるようにと説教壇から祈っている一部の聖職者にとっては、この地震騒動は恩恵となった。またケンブリッジ大学のジョン・ミッチェルを筆頭に王立協会フェローの多くが、地震研究に着手することにもなった。1750年の年末までに、地震に関する50件近い論文やレターが王立協会で発表され、すぐに同協会が刊行する学術論文誌『フィロソフィカル・トランザクションズ（The Philosophical Transactions of the Royal Society）』の付録として出版された。このときがイギリスの地震に関する本格的研究の幕開けであろうとデイヴィソンは記している。

そして1884年4月22日午前9時18分、過去最大の被害となるいわゆるイギリス大地震（Great English earthquake）が起きた。海に面したエセックス州にかつて古代ローマが支配した都市コルチェスターがある。この地震でコルチェスター周辺の家屋は倒壊し教会も崩れ落ち、停車していたコルチェスター発ロンドン行き9時20分発の特急列車の機関士は機関室から駅のプラットフォームへ投げ出された。コルチェスターから近いロンドンも大混乱となった。ウェストミンスター宮内の国会議事堂では、国会議員らが「その場で立ちつくしたり、壁にす

（下）1884年イギリス大地震で混乱するコルチェスターを描いた雑誌挿絵。

第 1 章　大地を揺るがす出来事　　　11

がりついたり、書類やブリーフケースが手からむりやりひったくられたような有様だった」[8]。政府は、ガイ・フォークスによる火薬陰謀事件［17世紀初頭、ジェイムズ1世のカトリック教徒弾圧に反対した者たちが爆殺を企てた事件］のように、当時の警察がアナーキスト活動で起訴していた悪名高い爆破テロリストによって宮殿地下室が爆破された可能性を疑い、直ちに捜査官を派遣した。

震央近くにいた信頼できる目撃者で、海外でも地震を経験したことがあるという船乗りは、この1884年のイギリス大地震の揺れが5秒ほど続いたと証言している（1750年3月の地震と同程度）。この地震による大混乱から4日後、地元エセックス州の新聞は、あと数秒長く揺れが続けば「この地方は壊滅し、犠牲者も甚大な数になっていたに違いない」と冷静な論評を伝えた[9]。

イングランドの偉大な戯曲家ウィリアム・シェイクスピアは、その作品に多くの地震が描写されていることからわかるように、16世紀に各地で起きた地震を敏感に捉えていた。『ヘンリー四世　第一部』でホットスパーは次のように断じる。

　　この大自然は、病にかかると、ときどき奇妙な吹き出物を吹き出すことがある、この多産な大地も、ときには一種のさしこみ、腹痛に苦しめられるのだ、つまり、向こう見ずな風をその胎内に閉じこめると、そいつが出口を求めて暴れ出し、祖母なる大地を揺り動かして、教会の尖塔から苔むした城の塔まで引っくり返してしまうのだ（第三幕第一場）。

　　　　（『ヘンリー四世　第一部』小田島雄志訳、白水社）

イングランドでは、シェイクスピアが10代の頃に3つの重要な地震が、起きている（シェイクスピアは1564年生まれ）。1580年にロンドンとカンタベリーで、1581年にはヨーク近郊で地震が起きた。そのひとつがシェイクスピアの戯曲『ロミオとジュリエット』に時の話題として取り上げられている。ジュリエットの乳母が、ある忘れられない日のことを回想する場面だ。

1500年以前の木版画に描かれた地震。*The Illustrated Bartsch*.

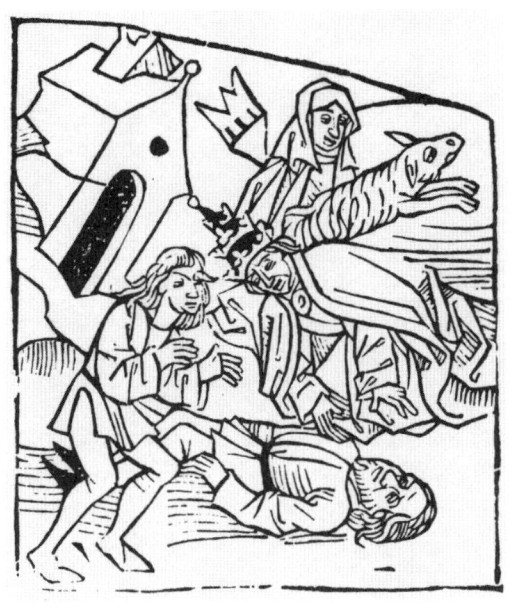

あの地震から11年目、お嬢様が乳離れをした日のことですから、あの年のあの日のことは忘れもしません（第一幕第三場）。

　ここに描かれている地震である可能性が最も高いのが、1580年に大混乱を巻き起こしたロンドン地震である。このことからシェイクスピア研究者の中には、『ロミオとジュリエット』が執筆されたのはこの地震から11年後の1591年ではないかとする者もある。しかし他の研究者は戯曲が最初に出版された前年の1596年説を取っている。
　ここまでイギリスの地震を取り上げてきたからといって、イギリスの地震が世界的に重要な出来事だと言うつもりはない。実際のところ、何度も取り上げるまでもないだろう。しかしまれにしか被害にあわないイギリスですら、過去何世紀にもわたって地震が起きているのだから、地球上には地震の影響から完全に逃れられる場所など存在しないという事実の何よりの説明とはなるだろう。

1923年横浜。関東大震災により廃墟となった横浜のグランドホテル。『大正震災志写真帖』(1926年)より。

世界の地震の歴史から

　こんなイギリスとは対照的に、地球の裏側の「環太平洋火山帯」にあって地震が多発する日本は、正真正銘の地震国である。長い年月のうちに、国土の大半が地震による重大な被害をこうむっているため、おそらく地震は日本の政治と文化の一部をなす本質的なものとなっている。地震学者の測定によれば、世界中で1年間に放出される地震エネルギーの実に10％近くが日本に集中している。

　1923年9月1日正午前、日本は空前の大地震に見舞われた。百万戸もの木造家屋ではちょうど、炭火やガスで昼食の準備をしている最中だった。首都東京や国際港湾都市横浜、その周辺地域では揺れが4〜5分続き、その直後に高さ11mの津波が押し寄せる。パニック状態になったあちこちの台所からはまもなく小さな火の手が上がり、炎は密集する木造家屋を焼きながら火勢を強め、火の手が次々と融合し身もすくむような火災旋風を呼び一晩中燃え続けた。

　9月3日の朝までに犠牲者は少なくとも14万人に達し［その後修正され10万5000人余りとされている］、東京の3分の2、横浜の5分の4が焦土と化した。東京の焼失面積は18㎢に及ぶ（有名な1906年のサン・フランシスコ地震直後に襲った火災による焼失面積は約13㎢、1666年のロンドン大火の焼失面積は1.7

km²に過ぎなかった)。横浜はヨーロッパの都市を真似て近代的な石造やレンガ造の建物が多かったこともあって、大火に飲まれた東京とくらべると地震の揺れによる被害が大きかった。横浜のグランドホテルも瓦礫の山と化していた。

1926年に、摂政宮裕仁親王(後の昭和天皇)による詔書[罹災者救済と復興事業のための特殊機関の設定が述べられている]から始まる関東大震災に関する公式報告書『大正震災志』が刊行されるが、その別冊『大正震災志写真帖』には、グランドホテルが完全に倒壊した様子が映しだされている[10]。

ひとたび大きな自然災害が起きると、生き残った者は不安のはけ口を何かに求めようとするものだ。矛先は悪戯好きな動物に向けられることもあれば、悪霊や怒れる神、無能な政府や科学者、腐敗した建設業者、外国のスパイ、あるいは罪深い個人のせいにされることもある。

インドのヒンドゥー教徒の間には、8頭の巨大なゾウが頭で大地を支えているという伝説がある。そのゾウがときどき大地を支えるのにうんざりして頭を下げると、驚天動地の揺れが生じるのだ。一方モンゴルのラマ教徒は巨大なカエルが地球を背負っていると想像した。そのカエルが周期的に痙攣を起こすため地震が起きる。メキシコ南部のツォツィル族には、世界を支える柱に超巨大なジャガーが体をこすりつけるせいで地震が起きるという物語がある。インドネシア諸島の住民の間では、地震は悪魔の仕業で、ある種の生け贄でなだめないと悪魔が憤激して大地を揺さぶるとされた。

古代ギリシャ・ローマでは、ギリシャの海神ポセイドンが地震の原因であると考えられていた。地震に誘発された津波がエーゲ海と地中海で破壊的エネルギーを見せつけていたことを思えば、そう考えるのも無理はない。ポセイドンが腹を立て、三つ叉の矛で地を撃つと地震が起きると言われた。しかし古代ギリシャの哲学者の中には、地震の原因を神々の仕業に求めず、純粋な自然現象として説明しようとする者もあった。たとえば紀元前580年頃タレスは、大地はいくつかの大洋に浮かんでおり、海水の動きで地震が誘発されるものと考えていた。やはり紀元前6世紀を生きたアナクシメネスは高い山が砕けて落ちることによって大地が揺れ動くとした。一方、紀元前5世紀のア

マティス・プール作、版画「貝に腰を掛けるポセイドン」。ルイージ・フェルディナンド・マルシーリ『海の自然誌（*Histoire Physique de la Mer*）』（1725年）より。

　ナクサゴラスは、本来上に昇る性質のアイテール（上層の空気）が地下の穴に入っていき大地を揺さぶると考えていた。それから100年ほど後のアリストテレスは、大地から蒸発したものが地下の空洞に流れこむ時、風が起こって大地を震動させるのだと考えた。アリストテレスは構造物や人間を主に垂直方向に揺らすか、水平方向に揺らすか、あるいは蒸気の動きによっても、地震の分類をしてもいる。アリストテレスからさらに時代を下ってローマの哲学者セネカになると、紀元後62年か63年に起きたイタリアの地震に触発されたこともあって、地球内部に閉じこめられ圧縮された空気が動きだして激しい気流と同時

に岩石の破壊的な動きが生じるとした。

　ヨーロッパのカトリック教徒の間では、一般的に神の怒りが地震の原因とみなされていた。だからこそ、1755年にリスボンの大半が揺れで倒壊し灰と化した後には、生き残った者の何人かを異端の罪で告発して宗教裁判にかけ、「異端者の火刑（アウト・ダ・フェ）」という火あぶりの刑に処した。そのことがフランスの合理主義者ヴォルテールをして有名な風刺小説『カンディード』を書かせたのである。スペインが支配する植民地南アメリカでも、地震をめぐって反道徳的な行為があった。ハインリヒ・フォン・クライストが1807年に著したドイツ語の短編小説『チリの地震（Das Erdbeben in Chili）』（種村季弘訳、王国社）は、小説冒頭の一節からすると、1647年にサンティアゴで実際に起きた地震をもとにしているのだが、執筆の動機が1755年のリスボン大震災であることは明らかだ。この小説では、被災地サンティアゴの住民が、不倫関係にあったカップルの行状のせいで

ジャン・クーザン（父）による16世紀に起きた地震の素描。

地震が起きたとして責めを負わせ、ふたりを撲殺してしまう。北アメリカでは、白人が先住民ユロック族から盗んだ工芸品をサン・フランシスコやバークレー近郊にある博物館で展示していたことから、先住民ユロック族は1906年のサン・フランシスコ地震を、そうした白人の行為に罰が下されたものと解釈している。さらに20世紀中頃になっても、1934年インド北部で大地震が起きた後でマハトマ・ガンディーは「干ばつや洪水、地震などが生じるのは、自然だけに原因があるように見えるが、私には何らかの形で人間のモラルとも関係しているように思われる」と述べている[11]。

日本の伝承で地震の原因として最もよく引き合いに出されるのが、地底の沼に住むと言われる巨大ナマズだ。この伝説上の生物は、通常は日本を地震から守るタケミカヅチによって要石で頭部を抑えつけられ、封じ込められている。この要石は、東京から約100km離れた鹿島市の鹿島神宮で見ることができるが、そのせいかこの地は比較的地震災害を免れてきた。しかし鹿島の神つまりタケミカヅチは、他の神々との会合のためたまにこの地を離れることがある。まさにこのときとばかりにナマズはそのヒゲを震わせ、のたうちまわり、人間を悲惨な目に遭わせるという。1855年に江戸（現在の東京）近郊で起きた地震の後に刷られた「鯰絵（なまずえ）」という多色刷りの木版画には、この神話が鮮やかにしかもユーモラスに描かれている。たとえば、江戸の歓楽街で住民が総出になってじっとしていられないナマズを攻め立てている鯰絵があるが、そこでは大工など地震のおかげで儲かる職人は仲間はずれにされている。日本では現在でも、気象庁の緊急地震速報を伝えるサービスのロゴなど、地震防災活動にナマズのイメージが利用されている。

しかし1923年に関東大震災が起きる頃までには、日本にも西欧の思想や科学が急速に浸透し、こうした伝承を信じる日本人はほとんどいなくなっていた。確かに1855年には巷に「鯰絵」が溢れかえっていたのと比較すると、1923年には「鯰絵」が出回ることはあまりなかった。超自然的なナマズの代わりに、東京の多くの住民が非難の矛先を向けたのは、1910年の日韓併合の頃から差別意識をくすぶらせていた在日朝鮮人労働者コミュニティーだった。火災の後の暗澹（あんたん）とした街には、朝鮮人が

暴徒となって大火災を起こし井戸に毒を入れたという噂が蔓延した。また、日本の新聞は在日朝鮮人が日本の皇族暗殺を計画しているとまで書き立てた。その後数日間で6000人から1万人の韓国人が日本の自警団によるリンチを受けたが、国粋主義的な日本の軍人や警察官はそれを黙認することもあった。虐殺された朝鮮人の実数については、1923年以来公式調査がまったくなされていないため、はっきりしていない。

　日本映画の最も有名な映画監督である黒澤明は、『羅生門』『七人の侍』『蜘蛛巣城』（シェイクスピアの戯曲『マクベス』の翻案）などの作品で極限状態における人間の行動を劇的に表現し、その手腕は伝説とまでなっている。関東大震災当時黒澤は13歳の中学生で、住まいは東京の山の手、現在の文京区にあった。自宅は半壊し東京一帯がそうであったように電気も途絶えたが、運良く家族全員負傷することもなく無事だった。

　関東大震災から60年後、黒澤明は非常に興味深く率直な自伝『蝦蟇の油』を執筆し、その「赤く長い煉瓦塀」という章のうち3節を「大正十二年九月一日」「闇と人間」「恐ろしい遠足」と題して関東大震災について記している。黒澤は「それは、私に、異様な自然の力と同時に、異様な人間の心について教えてくれた」[12]（黒澤明『蝦蟇の油』岩波書店）と述べている。

　軍人気質だった黒澤の父親は、息子にとっては侍のように見

1855年の安政の大地震の後、江戸（現在の東京）の住民に攻め立てられるナマズ。木版画。

第1章　大地を揺るがす出来事

えたが、焼失地域で行方不明の親戚を捜索していたときにはそのヒゲを蓄えた風貌から外国人と間違えられもした。そんな黒澤の父親が棍棒を振り回す一団に取り囲まれたときは、「馬鹿野郎！」と一喝するだけで一団を追い払ってしまった。黒澤はまだ小さかったが、夜間には細い土管の上に立ち、木刀を持って見張りをするよう言いつけられていた。猫が這って通れるくらいの土管だったが、そこを朝鮮人が通り抜けてくるかもしれないからだった。また、近所にあった井戸の水を飲むなと注意されていた。井戸囲いに風変わりなハングルのような白墨の落書きがあったからだ。しかし馬鹿馬鹿しいことに実はそのたわいない落書きは黒澤自身によるものだったのである。

　東京都心部が落ち着きを見せてきた頃、兄が廃墟へ遠足に連れて行ってくれたことを黒澤はこう回想している。

　　　私は、まるで遠足へでも出掛けるような浮き浮きした気持で、兄と一緒に出掛けた。
　　　そして、私が、その遠足がどんな恐ろしいものかに気が付いて、尻込みした時にはもう遅かった。
　　　兄は、尻込みする私を引っ立てるようにして、広大な焼跡を一日中引っ張り廻し、怯える私に無数の死骸を見せた。初めのうち、たまにしか見掛けなかった焼死体は、下町に近付くにつれて、その数が増えてきた。
　　しかし、兄は私の手を摑んで、どんどん歩いて行く。
　　焼跡は、見渡すかぎり、白茶けた赤い色をしていた。
　　猛烈な火勢で、木材は完全に灰になり、その灰が時々風に舞い上がっている。
　　　それは、赤い砂漠のようだった。
　　　そして、その胸の悪くなるような赤い色の中に、様々の屍体が転がっていた。
　　　黒焦げの屍体も、半焼けの屍体も、どぶの中の屍体、川に漂っている屍体、橋の上に折り重なっている屍体、四つ角を一面に埋めている屍体、そして、ありとあらゆる人間の死にざまを、私は見た。
　　　私が思わず眼をそむけると、兄は私を叱りつけた。
「明、よく見るんだ」

……

　兄はそれから、隅田川の橋を渡り、私を被服廠跡の広場へ連れていった……見渡すかぎり死骸だった。
　そして、その死骸は、ところどころに折り重なって小さな山をつくっている。
　その死骸の山の一つの上に、坐禅を組んだ黒焦げの、まるで仏像のような死骸があった。
　兄は、それをじっと見て、暫く動かなかった。
　そして、ポツンと云った。
「立派だな」
　私も、そう思った。
……

　その恐ろしい遠足が終った夜、私は、眠れる筈はないし、眠ったにしても怖い夢ばかりを見るに違いない、と覚悟して寝床へ入った。
　しかし、枕に頭を載せたと思ったら、もう朝だった。
　それほど、よく眠ったし、怖い夢なんか一つも見なかった。
　あんまり不思議だから、その事を兄に話して、どういうわけか聞いてみた。
　兄は云った。
「怖いものに眼をつぶるから怖いんだ。よく見れば、怖いものなんかあるものか」
　今にして思うと、あの遠足は、兄にも恐ろしい遠足だったのだ。
　恐ろしいからこそ、その恐ろしさを征服するための遠征だったのだ[13]。

（黒澤明『蝦蟇の油』岩波書店）

　東京は7年ほどで復興し、基本的に以前の姿に戻った。現在の東京はさらに驚異的に拡大しいっそう繁栄した姿を見せているが、1855年と1923年の震災以来、地震による深刻な被害は免れているため、日本政府は東京が再び地震で壊滅的な被害をうけるリスクが高くなっていると認識している。1995年には、まったく予期されていなかった地震が兵庫県で起きた。神戸港が破壊され6400人以上が犠牲となった。この地震によって、

2009年の地震で破壊されたイタリアのラクイラ。

　近い将来大都市東京がどんな大混乱に陥るか、また村上春樹が連作『地震のあとで』［『神の子どもたちはみな踊る』新潮社、2000年にまとめられた］で指摘したように、震災が日本人にとっていかに大きな精神的負担となるかを思い知らされたことは言うまでもない。連作小説は、まるまる5日間テレビにかじりついていた既婚女性の物語から始まる。彼女は、地震に襲われた神戸の「銀行や病院のビルが崩れ、商店街が炎に焼かれ、鉄道や高速道路が切断された風景を、ただ黙ってにらんでいた」（『神の子どもたちはみな踊る』）。この虚無的なメディアが暴き出す映像によって、女性は夫との離婚へと駆り立てられ、台所のテーブルに「あなたとの生活は、空気のかたまりと一緒に暮らしているみたいでした」と書き置きを残し夫の元から消える[14]。その後、この夫が女性とセックスをしようとしても、どうしてもうまくいかない。それは「高速道路、炎、煙、瓦礫の山、道路のひび」の光景がスライドの映写会のように頭をよぎり、その無音のイメージがどうしても断ち切れなかったからだ[15]。

　過去の地震の記録にもとづいて世界中を見渡すと、オーストラリアを除くすべての大陸で、60以上の大都市が地震によるリスクを抱えている。それらは、北京やカイロ、カルカッタ、デリー、イスタンブール、ジャカルタ、リマ、ロサンゼルス、

メキシコシティ、サン・フランシスコ湾岸地帯、ソウル、上海、シンガポール、テヘラン、そしてもちろん東京、横浜といった大都市圏である。ヨーロッパの都市は、被害をうけたことは比較的少ないが、それでもアテネやブカレスト、リスボン、マドリードの他に、メッシーナやミラノ、ナポリ、ローマ、トリノといったイタリアの都市は、過去300年の間に壊滅的な地震災害に見舞われている。

　たとえばイタリア中央部の都市ラクイラでは、2009年に地震があり、マグニチュード6.3と比較的小さな規模ながらも、309人の命が奪われ、都市も大きく破壊された。ラクイラは1461年と1703年にも地震による大きな被害を受けている。この2009年の大震災もその後の類を見ない後日譚がなければ、イタリア国外ではすぐに忘れ去られていたかもしれない。というのは、被災した都市の行政が、世界で初めて、地震災害の専門家らを過失致死罪で告訴したからである。ラクイラの検察庁は、6名の政府系科学者と行政担当者が地震のリスクを過小評価したために、楽観視した住民が自宅に留まって無用な危険にさらされることになったとして訴えた。世界の地震研究者らは驚き憤慨した。地震学者はたいていの地震がどのような地域で起こるかについて、プレートテクトニクス理論を応用して予測することができるが、大きな地震がいつどこで発生するかを正確に予測することは、たびたび要求されるにもかかわらず、ほとんど不可能なのが地震学の現状だからだ。

　地震災害にはプラスの点が少なくともひとつはある。それは地震学者の教育の機会となることである。イギリスの博物学者チャールズ・ダーウィンは地質学者としても重要な成果を残したが、有名な旅行記『ビーグル号航海記』で、1831年から1836年に行った5年間の世界探検の中で最も興味深い出来事をひとつ選ぶなら、チリの海岸沿いの都市コンセプシオンで体験した地震かもしれないと書いている。1835年2月に起きた地震直後の、興奮気味な記録が以下である。

　　多くの人々が膨大な時間と労力をかけて築き上げた街が1分のうちに倒壊するのを目にするのは辛いし屈辱的なことだが、これまでいくつもの時代を経てようやく生じるも

のとされてきた事態が、一瞬にして生じることを目の当たりにして、驚きのあまり住民への同情はたちどころに消え去ってしまった[16]。
(『ビーグル号航海記』島地威雄訳、岩波文庫)

　しかし20世紀後半に地震科学と耐震工学が驚異的に進歩し、政府の防災対策や国際的救援組織の拡充があったにもかかわらず、21世紀の前半になっても地震は甚大な数の人命と財産を奪い、インフラを破壊し続けている。
　2004年インド洋で起きたスマトラ島沖地震(スマトラ・アンダマン地震としても知られる)は、マグニチュード9.1から9.3の巨大地震で、津波も発生し14カ国で23万人以上が死亡した。なかでも最も大きな被害を受けたのがインドネシア、スリランカ、インドそしてタイだった。2010年にはハイチの首都ポルトープランスのごく近くでマグニチュード7.0の地震が発生し、ポルトープランスは大きく破壊され、2011年の信頼できる概算によると何万もの人命が犠牲となった(ハイチ政府によると30万人以上)。ニュージーランドではクライストチャーチ近郊が、2010年と2011年のわずか6カ月の間に2度の地震に見舞われたが、先進国における震災の特徴として、スマトラ島沖地震やハイチ地震とくらべると犠牲者の数はずっと少ない(死者181人)。一方で、政府や保険会社、産業界そして自宅所

2010年、地震で被害を受けたハイチのジャクメル。

有者の損害は米ドルにして総額何十億ドルにも達した。ニュージーランドの2度目の地震はマグニチュード6.3にすぎなかったが、地震で生じた液状化現象によりクライストチャーチの地盤は極めて広範にわたって脆弱化し、クライストチャーチの住宅5000戸以上を含む地区では、経済的に復興は不可能と宣言された。比較的小さい地震だが、これまでのニュージーランドの自然災害のなかで最大の経済的損害をもたらし、世界の地震災害の中でも、1994年ロサンゼルス近郊で発生したマグニチュード6.7のノースリッジ地震、2011年マグニチュード9.0の東北地方太平洋沖地震につぐ、史上3番目に大きな経済的損失となった。

2011年の東北地方太平洋沖地震（東日本大震災）によって喚起された危機意識は、決して拭い去られることはないだろう。当時の日本の首相は第2次世界大戦以降「ある意味でこの間で最も厳しい危機」と表現した[17]。震央は日本の東海岸から70km沖合の日本海溝付近で、地震発生後の予報通りに発生した津波は高さが最大39mという信じられない規模になった。この津波は2万人以上を飲み込み、福島第一原子力発電所を打ちのめした。同原子力発電所は設備が損傷し、炉心溶融つまりメルトダウンを起こしてしまう。1986年のチェルノブイリ原発事故以降で最も深刻な原発事故となり、日本そして世界中の原子力発電所の危険性が再検討されることとなった。その結果

2010年の地震で被害を受けたニュージーランドのクライストチャーチ。

2011年、東北地方太平洋沖地震のあと津波により破壊された宮古市。

ドイツ政府は2022年までに原子力発電所を全廃することを発表している。

　地震の力はその後火災がともなうことで、確実に恐ろしいものとなる。ポンペイは紀元後62年または63年の地震でことごとく破壊されたため、ローマ皇帝ネロは視察の後ポンペイの街を放棄するよう勧告している。小アジア海岸沿いの商業都市であり歓楽の都であったアンティオキアは、紀元後115年、458年、526年そして528年と4度の地震に遭い、壊滅した。

　中央アメリカではかつてグアテマラの首都であった古都アンティグアは1586年から300年足らずの間に4度の地震に襲われ廃墟となった。ニカラグアの首都マナグアは200年に10度の震災に遭っている。それでもこれらリスボンやサン・フランシスコそして東京などの都市は、一度壊滅状態に陥ったものの、かつてと同じ場所で復興を果たし繁栄もしたが、ポンペイだけは例外で、不幸にして紀元後79年のヴェスヴィオ山の噴火により地中に埋もれてしまった。地震と津波により実質的に放棄されたことが記録に残されている唯一の大都市が、ジャマイカのポート・ロイヤルで、1692年にこの都市の大部分が海中へ滑り落ち、まさに消失してしまったのである。

　地震は恐ろしい出来事ではあるが、歴史にはどう影響を与えてきたのだろうか？　1835年にダーウィンがコンセプシオンの廃墟を調査した後に、チリで空想したほどではないだろう。

ポンペイの住宅のレリーフには紀元後62年あるいは63年の地震による破壊の様子が描かれていた。

このときダーウィンはイングランドで巨大地震が生じたケースを悲観的に熟考した末、日記に「地震だけでどんな国であろうとその繁栄は壊滅する」[18]と記している。1755年に首都リスボンを襲った震災の結果、ポルトガルの覇権と影響力が長い時間をかけて衰退していったことは、地震が歴史に及ぼす影響を示す極めて説得力のある事例だろう。またラテンアメリカの解放者（El Libertador）シモン・ボリーバルは1820年代にボリビア、コロンビア、エクアドル、ペルーそしてベネズエラを、

版画に描かれているのは1835年の地震により廃墟となったチリ、コンセプシオンの大聖堂。

第 1 章　大地を揺るがす出来事

1692年の地震で破壊されたジャマイカ、ポート・ロイヤルを描いた版画。

スペインの植民地支配から解放へと導いたが、彼の説明を額面通りに受け取ると、ラテンアメリカ開放に直接の影響を与えたのは、1812年にベネズエラを襲った地震だった。ボリーバルが樹立した最初のベネズエラ共和国政府はスペインの攻撃に曝されていたが、突如襲ったこの地震によって崩壊し、ボリーバルは亡命を余儀なくされた。しかしまさにこの事件によって、ボリーバルはベネズエラで指揮した運動よりもずっと広範囲に及ぶ独立運動のリーダーとなったのである。

　日本では1920年代に東京を復興するために莫大な費用が必要となり、その後すぐに1930年代の世界大恐慌が起きたので、経済状況が逼迫した。その結果日本社会は軍国化へと舵を切

1906 年の地震と火災で廃墟となったサン・フランシスコ市庁舎。

り、最終的に第二次世界大戦へと突入していく。メキシコでは 1985 年のメキシコシティ地震のあと、被災者救済や復興における与党政府の無策が露呈し、1920 年代から保持してきた権力の堅固な足場が明らかに弱体化した。スリランカでは 2004 年のスマトラ島沖地震により、多数派のシンハラ人が独占する極めて民族主義的な政府が結束を固め、まもなく「タミル・イーラム解放のトラ」が導いていた少数派分離独立運動の撲滅が決定された。

　さらに歴史を遡(さかのぼ)れば、実証はできないにしても都市や文明の衰退に地震が大きく関わっていた可能性はある。しかし記録によって裏付けることは難しい。古代中国の『竹書紀年(ちくしょきねん)』という歴史書には紀元前 1831 年に山東省の泰山(タイシャン)［中国五岳のひとつ］が鳴動したと記されているが、信頼できる地震記録が中国で初めて残されるようになったのは紀元前 780 年からのことである。

　ギリシャでは紀元前 464 年から、日本では紀元後 416 年からの記録が存在する。聖書に出てくる都市ソドムとゴモラが崩壊したのも、創世記に描かれた崩壊の様子から判断すれば、地震が原因であった可能性が非常に高いが、両都市の考古学的遺跡はいまだに発見されていないので確かなことは言えない。聖書に出てくる他の出来事、たとえばイェリコの壁の崩壊や紅海の

（次ページ）ヤン・ブリューゲル（父）による『ソドムとゴモラ』17 世紀、油絵。

第 1 章　大地を揺るがす出来事

Earthquake

分割などを説明する有力な候補も地震だ。トルコやギリシャ、クレタの青銅器文明が紀元前2000年後半の約50年の間に破局的終末を迎えたこと、つまりトロイア、ミュケナイ、クノッソスその他の都市が滅び、価値ある考古学的遺跡と化した原因も地震だったのかもしれない。またイスラエルのアルマゲドン（メギド）、ヨルダンのペトラ、メキシコのテオティワカンの滅亡に地震が関わっていたことを示す、非常に興味をかきたてられる痕跡も存在する。

　しかし文明史における地震の重要性について、考古学者の見解は分かれている。現代の考古学者の大半は、歴史上の文明の消滅と地震はまったく関係がないという立場をとる。つまり文明の崩壊は、戦争や侵略、社会的抑圧、環境の濫用といった人為的な作用によるとする考え方が主流なのだ。青銅器時代が終焉したのは、旧来の説では、謎の海洋人による海からの侵略ではないかとされたが、研究者にはその侵略者が存在した確証が得られなかった。地球物理学者エイモス・ヌルは著書『世界の終焉　地震、考古学、神の怒り（Apocalypse: Earthquakes, Archaeology, and the Wrath of God）』で「都市が滅亡した明

クレタ島クノッソス宮殿の謁見室。考古学者アーサー・エヴァンズの復元による。

まるで首を切られたように見えるが、紀元前1400年頃イェリコで起きた地震による犠牲者。実際にはこの骸骨の首が断ち切られたのは地震によるのではなく、亀裂からわかるようにその後断層が動いたことにより切り離された。

確な理由が見つからない場合、考古学者というものは自然の突飛な悪戯よりは、知られざる敵の突然の攻撃によると解釈するものだ」と述べている[19]。

しかし例外的な存在もあった。20世紀前半の研究者の中には、地震が文明を崩壊させたという考えに共感する者もいたのである。最初にクノッソスを発掘したアーサー・エヴァンズ、トロイア遺跡を発掘したカール・ブレーゲン、1948年に論争を呼ぶ書籍［『比較層序学 Stratigraphie comparée』］を著したクロード・シェファーらだ。しかし研究者の大多数はそうした考えには懐疑的だ。たとえばロバート・ドレウスは著書『青銅器時代の終焉——戦争の変化と紀元前1200年頃の大破局（The End of the Bronze Age: Changes in Warfare and the Catastrophe Ca.1200 BC)』で地震のせいではないと入念に否定し、ジャレド・ダイアモンドは『文明崩壊：滅亡と存続の命運を分けるもの』（楡井浩一訳、草思社）で地震や火山の噴火については一切触れていない。懐疑派は、地震が実際にそれほど大きな影響力を及ぼすというなら、確かな証拠があるはずではないかと疑問を投げかける。

ヌルが『世界の終焉』で試みたのはまさにこの問いに答えることだった。考古学的遺跡、なかでもヌルの母国イスラエ

チェコ共和国にある、中世に建てられたカレルシュテイン城、聖母マリア礼拝堂の壁画。黙示録の連作が描かれ、その中には地震の場面も見られる。

ルの遺跡からの証拠に基づいて、地層や断層、構造物のひび割れ（structural movement）、遺骸、柱や壁の崩壊、碑文などを分析し、考古学資料から地震の影響を検出する方法を示したのである。たとえばイェリコでは、都市の崩壊した城壁の下に、壁の崩壊で死亡した2体の骸骨とともに穀物が発見されたことをヌルは指摘する。もしイェリコが単に敵に征服されただけで、その前に地震による城壁の崩壊がなかったとするなら、価値ある穀物は侵略者に奪われていたはずだ。ミュケナイでは、都市外壁の巨大な石積が、大地震で生じたに違いない断層崖の上に建設されていた。さらに紀元前1225年から紀元前1175年の間に崩壊した地中海東部の青銅器時代遺跡の地図に、紀元後1900年から1980年の間の地動が最も大きい場所を示したもう1枚の地図を重ねてみると、それらは非常によく一致する。このことからヌルは古代における大きな地動が、青銅器文明の崩壊に寄与した可能性があると主張したのである。このヌルの説には決定的な証拠といえるものはないが、示唆というにはとどまらない説得力がある。現代の世界と同じように、古代世界でも大地を揺るがす自然現象が、少なくとも何度かは、人類史を変えるだけの影響を及ぼしたことは間違いない。

第2章　神の怒り── 1755年リスボン

　18世紀中頃に地震でリスボンが廃墟と化したことは、同時代のヨーロッパの生活と思想に影響を与えている。それは20世紀中頃、原子爆弾の投下で壊滅状態となった広島によってもたらされた衝撃に匹敵するものだった。19世紀になるとこのリスボン地震は、ヴェスヴィオ火山の噴火とならぶ自然災害の象徴的イメージとなる。古代ローマの都市ポンペイは紀元後79年のヴェスヴィオ火山の噴火で地中に埋められたが、その廃墟が再発見された1749年に、偶然ではあるが地震が発生している。

　ヨーロッパ各地で革命が勃発した1848年、改修されたリージェンツ・パークのロンドン・コロシアムでは、ある興行が催され大成功を収めていた。1755年11月1日のリスボン地震と津波そして火災の物語を、劇的な音楽を添えた「可動パノラマ」という手法で上映したのである。『イラストレイテッド・ロンドン・ニューズ』［イラスト入りのニュース解説週刊誌］はこの「サイクロラマ・オブ・リスボン（Cyclorama of Lisbon）」を体験した驚きを詳細に伝えている。同誌はオープニングシーンについて次のように記している。

　　テーガス川の美しく変化に富む雄大な光景が映し出され、その川の流れに観客は得も言われぬ気分に浸る。記者が座っている劇場は川を下る一艘の船のように感じられ、景色が次々と変わってゆく。川岸に山が迫ると思えば、様々な船や商船、ジーベック（地中海の商船［3本マストの帆船］）が行き交い、女子修道院、要塞、大邸宅、宮殿、いろいろな修道院、領事館といった建物を過ぎるとようやくリスボ

ンの街並みになる。宮殿や教会そして公共建造物や個人の建物が立ち並ぶ……これらすべてが突然崩壊するのである。ラストシーンはリスボンのグランドスクエアで、「華麗な宮殿と壮麗な街並み、巨大なアーチ型の門、堂々たる階段の連なり、花瓶その他の壮大な装飾、美しいアポロの像と泉」が映し出された[1]。

　サウンドトラックはベートーベンの交響曲「田園」、モーツアルトの「ドン・ジョヴァンニ」、メンデルスゾーンの「結婚行進曲」そしてハイドンの「イル・テッレモート」(「地震」)などクラシック作品の抜粋で構成された。また、この時代のリスボンを発展させた資金源が、ポルトガルの植民地のブラジルで採掘された金だったことから、ポルトガルの舞曲とブラジルのメロディーも加えられた。音楽はソーホーのベヴィントン・アンド・サンズ社が製造した16のペダルと2407本のパイプからなる巨大なオルガン「アポロニコン（Apollonicon）」から吐き出され、演奏したのはピットマンという人物だった。地震がリスボンを襲う段になると「地底がうなるような」音、続いて「恐ろしい破壊」の轟音が鳴り響きステージは暗転する。

　再び舞台が明るくなって現れた凄まじい光景を『イラストレイテッド・ロンドン・ニュース』は次のように伝えた。

ドイツで製作されたエッチング（1756年）に描かれたリスボンの崩壊。

次に映し出されたのは、波に押し上げられ、大破する運命にある船である。今にも降り出しそうな空模様が、無情にも、船の行く末の前触れに見える。そこにあるのは恐怖と絶望だけだ。このシーンに続いて、舞台には再びリスボンが戻ってくる。ほんの少し前まで眺めていた才気溢れる建築の栄華が、今や廃墟に覆われている。不可解な神業の訪れにより、3万人以上の住民とともに何もかもが瓦礫の山に埋もれてしまったのである。

『イラストレイテッド』紙はこの作品全体を「一連の絵画による視聴覚作品としてこれほど壮大なものは他には想像もできない」と論評した。このコロシアムでの「サイクロラマ」は評判を博し、1850年代に入っても興業が続いた。1851年にはロンドン万国博覧会で壊滅したポンペイが展示されたが、それを凌ぐ人気だった。
　それから数年後の1858年、作家チャールズ・ディケンズはポルトガルを訪れ、100年前のリスボン大震災に心を引かれた。ディケンズ自ら編集していた大衆向け雑誌『ハウスホールド・ワーズ（Household Words）』では、地震がもたらす恐ろしい明暗の差に想いを馳せた。

　その晩ブラガンサ（ホテル）の窓から、煌めく波が銀に変わったかのような入江を眺め、上方に目をやると、遠目にテージョ川河口部でベレムの塔が構えているのが臨めた。眼下に平穏な平屋根の連なりが月の光を静かに浴びている。気ままなイスラムの月は三日月で、まるで古代ムーアの都市にいるような気分だった。景色を眺めた後で、ブラガンサのバルコニーの椅子にもたれ空想に耽った。ネーピアの『半島戦争（History of the War in the Peninsula）』が手から落ち、夢の中で私は11月の朝、静かな町を眺める安全な屋上にいた。突然まわりじゅうの家々が時化に遭っているかのように横揺れと震動が始まった。日食のような薄闇を通して、それまで足下から見渡す限り立ち並んでいた建物が大きく裂けバラバラになるのが見えた。大砲

のような地震とともに床が崩れ落ち、激しい戦場のようにまわりじゅうからうめき声や叫び声があがった。海が高くせり上がって波止場に押し寄せ、地震が壊し損ねたものを飲み込んでいく音が聞こえた。壁面や梁(はり)が崩れ落ち石材が雨霰(あられ)と降ってあたりは暗くなり、突然発生した火災の炎が大きくうねって闇が赤く染まった。暗鬱とした街路には死体や死にかけた人々がゴロゴロしていた。絶叫する群衆が、あちらこちらで押しあうように逃げまどい、まるで赤い屠畜(ちく)場のドアが閉じたときのヒツジのようだった[2]。

しかし現在では、ポンペイの崩壊とは違って、壊滅したリスボンのことはほとんど忘れられている。エドワード・ペイスはこの地震について解説した魅力ある著書『神の怒り(Wrath of God)』で、「教養があり旅行好きのヨーロッパ人でも10人中9人はそのこと［リスボン震災］をまったく知らない」と認めている[3]。当時の研究者ですらこの災害を見過ごしている場合がある。優れた地理学者ピーター・グールドによると「この大きな混乱の原因は、啓蒙の世紀のまっただ中で生じた、衝撃的な環境事象だというのに、伝記作家や歴史家による一流の作品の中でほとんど語られていない点にある」。ヴォルテールが1755年の大震災をテーマにした有名な詩、それに続く1759年の短編小説『カンディード』を著していなければ「この出来事は人類の記憶から完全に消え去っていたかもしれない」とグールドは述べている[4]。

この思いもよらない記憶喪失については、少なくともある程度は説明が付くかもしれない。もうご存知のように、考古学者は地震などの自然災害を文化が変化する原因とは考えず、人間の行為にその原因を求めようとする。一般的に歴史家も同じような考え方をするものだ。だからこそ広島とアウシュビッツは20世紀における大惨事の普遍的象徴として記憶される一方で、地震による大破壊があったサン・フランシスコと東京の出来事は、世界からの反響はそれほど強くないのだ。

そうしたなかで自然災害としては極めて珍しい事例がポンペイで、いまだに世界中の人々の記憶に残されている。当時の住民はヴェスヴィオ火山がまもなく噴火するという警告があった

にもかかわらず、それを無視していた。こうした人間の行動が窮状に追い打ちを掛けたことがあったからこそ、ポンペイの災害は記憶に留まったのだろう。

それとは対照的にリスボン地震のときには前震がまったくなく、突然本震が襲ったため、リスボンの住民に逃げるチャンスはまったくなかったのである。

また、ポンペイの廃墟はもちろん現存し毎年数百万もの観光客を魅了しているが、廃墟となったリスボンの方は震災当時こそゴシック的憂鬱に惹かれ多くの旅行客が訪れたものの、結局更地にされ、新しい街が再建された。さらに、ポルトガルの作家は震災当時だけでなく、その後何十年もこの地震を自伝や大衆小説のテーマにすることを避けていた。つまりポルトガルにはヴォルテールの詩に当たるようなリスボン地震に関する作品は一切存在しない。この地震によるポルトガルの人々の生活への影響は、印象に残る形で記録に残されることがなかったのである。

リスボンの場合と異なるのが、東京を襲った関東大震災直後の日本の作家たちの反応である。かなり後になって、黒澤明が自伝の中で震災の回想を記している。

確かに1755年11月の諸聖人の祝日から、それ以降のリスボンが実際どうなっていたのか情報を得られるのは、震災の影響をこうむった外国人たちによる恐怖の体験の記録からである。その多くはポルトガルとの割のいい商売のために駐在していた英国商人だった。この地震を目撃したポルトガル人は、震災のトラウマを抱えたうえ、裁判所や政府、聖職者と宗教裁判所による監視のもとにあったので、自分の考えを文書に著す気にはなれなかったのかもしれない。

一般論として言うなら、1755年当時のポルトガルがもっと影響力のある国家であれば、リスボン大地震は今日も忘れられることはなかったのではないだろうか。確かにリスボンは経済的に裕福であり、おそらくヨーロッパではロンドン、パリ、ナポリに次ぐ第4の大都市だったであろう。ところがポルトガルはヨーロッパ中から経済的、政治的、知的僻地と見なされていたのである。国内ではほとんど何も生産せず、繊維、玩具、時計、雑貨、武器や銃弾などありとあらゆるものをイングランド

から輸入し、代価はブラジルのミナスジェライス州で採掘した金で支払っていたからだ。18世紀中頃までにロンドンへの支払いは2500万ポンド以上と莫大なものになっていた。

　さらに18世紀前半のポルトガル王だったジョアン5世は、ブラジルから入る莫大な収益（金貿易への課税による）の5分の1を記念碑や宮殿の建設に注ぎ込んでいた。ヨーロッパで最も裕福な国王と言われ、廷臣らによる会議を招集する必要もほとんどなかった。1742年ジョアン5世が病床の身となると、国政は枢機卿や司祭、特に王の聴罪司祭であったイエズス会司祭の手に握られた。1750年時点で人口300万足らずのポルトガルにはおそらく20万人もの聖職者がいた。ポルトガルと極東を専門とする卓越した歴史家C・R・ボクサーによると「おそらくチベットを除けば世界で最も聖職者の多い国」だった[5]。

　同年のうちにジョアン5世は死去し、その同じ日にリスボンで小さな地震があった。一方ジョアン5世の息子で王位を継承したジョゼ1世に関心のあることと言えば、乗馬にカード遊び、演劇やオペラの観賞、そして神を敬うことだった。

　1755年の地震には前兆となる揺れはまったくなかったが、地震前にリスボンをはじめポルトガル各地で不吉な自然現象が起きていた。よく大地震の前に現れる天候の異変が見られたのだ。

　大地震の前日10月31日は季節はずれの暑い日で、普通なら夏場に発生する、海から押し寄せる霧が出て驚いたとハンブルク領事が記している。それから霧は風で海に押し戻されたのだが、領事がかつて見たことがないほどその霧は濃くなった。さらに押し戻された霧の背後で、海が「不思議なうなりをあげて盛り上がった」ように思えたという[6]。また一帯の海岸では、夕方の満潮が通常より2時間遅れ、用心深い漁師たちはいつもより浜の奥まで船を引き揚げていた。

　同じ頃ある村では泉が枯れる寸前になっていたことが観察されている。他に井戸が完全に干上がっている所もあった。また数日の間リスボンの水道水が奇妙な味がするという訴えがあったことを医師が記録している。別の場所では空気が硫黄の臭いがした。これも大地震の前によく観察されることだが、動物が異常な行動を見せていた。犬やラバ、籠で飼っている鳥がどう

テージョ川から眺めた大地震発生前のリスボン（版画）。

いうわけか興奮していたのである。ウサギなどの動物は巣穴を離れた。さらに大量のミミズが地表に這い出している様子も観察された。

　しかし地震発生を予期できるほどの変化を感じ取った者はいなかった。リスボンは1531年にも激しい揺れに襲われたことがあり、このときには約3万人が犠牲になっている。人々の記憶によれば被害はずっと少なかったものの1724年にも激しい地震があった。そして1750年にも前述の地震があった（ジョアン5世が死去した日）。しかしこの1750年の地震は非常に小さかったため、人々の地震への関心を呼び覚ますことにはならず、同年のロンドン市民が見せた地震に対する反応とはまったく異なっていた。

　1755年の強烈な地震は11月1日午前9時半頃に始まった。揺れは約10分間続いた。1923年に東京で起きた関東大震災の場合で4〜5分、1994年カリフォルニア州ノースリッジの地震が8秒、1884年コルチェスターのイギリス大地震が約5秒だった。リスボン地震では1分弱の間隔をおいて3度揺れが襲い、そのうち第2の揺れが最も激しく、後に地震学者はその破壊の程度からマグニチュード8.5から8.8と推定している。この大都市がわずか15分足らずで「廃墟と化した」と英国領事は記している[7]。小さい揺れがその日一日中昼も夜も続き15分と息をついてはいられず、ちょうど1週間後の11月8日本

第2章　神の怒り―1755年リスボン

震発生以降最大の余震があって揺れの峠は越えた。ところが1761年にさらに大きな地震が起き、リスボンの揺れは少なくとも3分、おそらくは5分間ほど続き、1755年に破壊されていたリスボンは完全に崩壊した。

　11月1日は諸聖人の祝日にあたり、リスボンの多くの人々は数多ある豪奢な教会のミサに参加していた。地震が始まったのもそのときだった。たまたまミサと同時に地震が発生したことが礼拝者にとって最悪の事態となり、多くの教会が瞬く間に崩れ落ち、人々は雨のように降ってくる石材の下敷きになった。宗教裁判所も崩れ落ち、壮麗な新オペラ劇場も倒壊した。その晩には『トロイアの滅亡（A Destruição de Troya）』の公演が予定されていたが、上演は永久にキャンセルとなった。

　また外出していなかった者も台所が火元となって発生した大火災（1923年の関東大震災でもこうした火災が起きた）に飲み込まれた。火勢が強烈だったため震災後17日たっても依然としてかなりの熱を発していて、破産の憂き目にあった商人たちが金目のものを探り出そうとしたが、それもかなわなかった。

　津波に飲み込まれた者もあった。テージョ川に水が壁のよう

リスボンの聖ニコラス教会の廃墟。ジャック＝フィリップ・ル・バによるエッチング（1757年）。

に押し寄せてくるのを目にしたリスボンの人々は、それが何であるかはわかっていた。1746年リマで起きた大地震の後、ペルーの港湾都市カヤオが同じ水の壁に飲み込まれ、1万人もの人々が犠牲になったことを聞き知っていたからだ。リスボンの海の波は高さ12mに達し、道路も広場も庭園も飲み込み、津波はテージョ川の川岸から最大180m離れたところまで達し、波はその後も2回押し寄せた。税関の建物の前を川沿いに広がっていた新設の豪華な波止場もろとも、船を待っていた何百人もの人々を押し流した。テージョ川河口部では、重量25tもある巨石が水際から27mも離れた陸に打ち上げられた。ポルトガルの南海岸にあたるアルガルベ州では、潮が引いて深さ37mの海底がところどころ姿を現した後、最初に襲ってきた波の高さは30mに達した。アルガルベ州での破壊はファロ（潟湖で守られた）を除けば、あまりに壊滅的で、20世紀初めになっても復興にいたらなかったほどだ。

　リスボン在住のイギリス人外科医リチャード・ウルフォールは震災当日は正午から夜までけが人の手当てにあたり、数週間後に友人にあてた手紙で、その大破局下での最悪の状況を渾身の思いで再現している。

　　瓦礫に半分埋まった人々の阿鼻叫喚が絶えない中、あちこちに死体が転がる衝撃的な光景は、目撃した者にしかわからない。あまりの恐怖と強い戸惑いのせいで、どんなに毅然とした人間であっても、一瞬その場に留まり最愛の友人を下敷きにした石をひとつふたつ取り払うということすらできない。そうすれば多くの人が救えたのかもしれないが、自分を守ることが精一杯で他に何も考える余裕がない。屋外へ出て、道路の真ん中までたどり着ければ生き残れる可能性は高かった。家屋の階上にいた者の方が、ドアから逃げようとした者よりもたいてい運に恵まれた。1階のドアから逃げようとした者は通行人もろとも瓦礫の下敷きとなった。馬車に乗っていれば降り注ぐ瓦礫を避けることもできたが、牛や御者は通行人と変わらなかった。しかしこうして家屋内や路上で犠牲となった人の数は、崩れ落ちた教会の下敷きになった人々の数とは比較にならなかっ

た……当日リスボンのすべての教会は超満員で、しかも教会の数はロンドンとウェストミンスターの教会を合わせたよりも多いのだ。

　悲惨な事態がこれで終わりであれば、ある程度救済することもできただろう。亡くなった命を取り戻すことはできないが、廃墟に埋もれた莫大な財宝を掘り出すことができたかもしれない。しかしこうした希望もほとんど潰えた。地震から約2時間後、リスボンの3ヵ所で火の手が上がったのだ。台所の火に家財が折り重なったのが原因だった……確かにあらゆる要因がこの破壊に手を貸していたようにも思える。地震直後のこと、たまたま満潮時が近かったこともあり、瞬時にして波の高さがこれまでの最高値より12mも高くなり、その後突然波は引いた。そうでなければリスボン全体が水没していたはずだ。ようやくそのときのことを振り返れるようになっても、頭の中に浮かんでくるのは死のイメージばかりだった[8]。

聖母子に見守られ、レオナルド・ロドリゲスがリスボン地震の瓦礫から娘を助け出している。油絵。説明文にはロドリゲスは娘の奇蹟的生存に感謝する気持ちからこの絵に取り組んだと記されている。

地震と火災、津波による犠牲者の総数は不明だ。最も信頼できる推定によれば、リスボンの死者が3万から4万人、さらに1万人がポルトガルとモロッコ、スペインで犠牲になった。（地震から100年後の『イラストレイテッド・ロンドン・ニュース』でリスボンの死者は3万人以上と伝えたことは先述の通り）。リスボンの病院はすべて地震で倒壊するか火災で焼け落ち、刑務所とリスボンの記録局も破壊された。リスボンの主要な宗教施設のうち4分の3が消失あるいは大きく損壊した。つまり40教区のうち少なくとも30教区が教会を失ったことになる。この震災による経済的損失については、その年の秋にブラジルから到着した船団が積んでいた貨物の価値の20倍の規模で、1666年の大火でロンドンが被った損失の3倍に相当した。

リスボン地震では正確な震央もはっきりしていない。津波が発生していることから大西洋上であることは間違いない。1969年にこの海域で地震活動の空間パターンがリスボン地震と似ているマグニチュード7.3の地震があり（リスボン地震ほど激しくはなかった）、このときに生じた津波などから判断すると、震央はおそらくサン・ビセンテ岬の西南西200kmほどだった

3000人以上の震災犠牲者が埋葬されていた共同墓地の一部で、2004年にリスボン科学アカデミーの指導の下で発掘された。

のだろう。だとすればその震央は、アゾレス諸島からジブラルタル海峡を通り地中海へと走る断層線近くのアゾレス・ジブラルタル断層帯にあり、アフリカプレートとユーラシアプレートが接する地域にあたる。

　大西洋に浮かぶ島、ポルトガル植民地マデイラは、サン・ビセンテ岬のはるか南西にあって、リスボン地震の推定される震央を挟んでリスボンと正反対の位置にある。島の住民は空から「石畳の道を空の荷馬車が急いで走り抜けていくような」ガラガラという騒音を聞いている。あるマデイラ・ワインの現地荷送り人によれば、その音が聞こえた後午前9時38分から家が1分ほど揺れたという[9]。しかし犠牲者もいなければ被害もほとんどいなかった。スペイン南海岸にあるジブラルタルの岩山では、イギリスの砲台にあった大砲が地震のうねりのせいで押し上げられたり落下したりした。さらに震源から2400km離れたヨーロッパと北アフリカ一帯でも揺れが感じられた。

　この地震の揺れが感じられた地域は1600万km²と驚異的な広さに達し、オーストラリア大陸の2倍に及んだことになる。リスボン地震でイギリスの湖には「セイシュ」（水位の変動［静振］）が生じ、スコットランドのネス湖では異常な水位の変化とともに大きな波も誘発され、湖岸近くの醸造所が脅かされた。推定される震央から3500km離れたフィンランドのトゥルク港でも海面が波立った。これで津波が相当遠方まで達することが明らかにされた。イングランド南西部の半島に位置するコーンウォールの海岸の一部でも大混乱に陥った。大西洋をはるかに隔てた反対側カリブ海の島々では、オランダ領アンティルで潮が引き海岸線が2km近くも後退して水深4.5mの場所にあった船が浜に乗り上げた形になり、その後潮が戻り海面は6.5m上昇、フランス領アンティルでは低地が洪水となり家屋の2階部分まで水没した。

　大地震の後としては初めてデータが体系的にまとめられることになった。リスボン大震災への政府の対応で強力な主導権を握った改革派宰相セバスティアン・ジョゼ・デ・カルヴァーリョ・イ・メロ（初代「ポンバル侯爵」という後の称号でよく知られる）は、公式の質問票をすべての教区に配布した。質問票には13の質問があり、地震が発生した時刻と揺れの方向、余震と前震

の回数、泉や井戸も含めた水域への影響、亀裂の大きさ、津波が来る前の海の動き、死者数、火災の継続時間、建物の被害、食糧不足の程度、行政や軍そして教会など当局による当面の措置などについて回答を求めた。たとえば、特定の方向の揺れが大きいと感じたか？　建物が特定の方向に倒壊する傾向があったか？　海面は最初上昇したか下降したか？　通常とくらべ海面は何cm上昇したか？　回答はリスボンの国立歴史文書館に納められ、現在でも閲覧できる。地震史の研究者としてチャールズ・デイヴィソンは、リスボン地震が「近代科学の手法で調査された」最初の地震であると指摘する[10]。

イギリスでは王立協会により、リスボン地震の影響に関するデータが国内外から収集され、1750年に英国地震が起きてから収集されたデータに追加された。ケンブリッジ大学の天文学者ジョン・ミッチェルは、目撃者の報告を分析しニュートン力学に則って地震の運動を説明するという難題に立ち向かった。最終的にミッチェルは、不備な点はあったものの「地震現象の原因と観察に関する推測 (Conjectures Concerning the Cause and Observations upon the Phaenomena of Earthquakes)」という地質学の重要な論文を著し、王立協会の『フィロソフィカル・トランザクションズ』(vol.51 1759) に掲載された。

ミッチェルは地震が「地下深い所にある岩塊が移動することで生じる波動」であると正確に結論を下したけれども、岩塊の移動は地下水が地下の火に接触して生じた蒸気爆発によるものだと説明したのは誤りである[11]。岩塊の移動が海底の下で生じた場合は、地震とともに海の波も発生するという結論を導いたのは正しい。また地震波は2種類あることを指摘した点も事実に非常に近く、最初の波は地中の「震えるような」振動であり、その後すぐに地表面のうねりによる波が現れると述べている。

このことからミッチェルは、地表の異なる点で地震波の到着時刻を調べれば地震波のスピードを決定できると主張した。地震が到達した時刻については、リスボン地震の影響を受けた、互いに遠く離れた地点の目撃者の報告からおおよそ知ることができ、彼はそれらの値から地震波のスピードが時速1930kmであるとはじき出した。その計算は正確ではなかったし、通過する岩石の種類によって地震波のスピードが異なることにも気付

いていなかったが、科学者として初めてこうした計算を示したのである。さらにミッチェルは地震が発生した地表での位置、現在では「震央」と呼ばれる位置が、到着時刻のデータから特定できることを理論的に示した。しかし奇妙にも、彼はリスボン地震の震央を計算するにあたって、津波の方向の記録をよりどころにするという、不正確な別の方法を採用していた。とはいえ、ミッチェルの震央を特定する理論的原理は、現在も利用されている方法の基礎となっている。

聖職者であるにもかかわらず、ミッチェルが彼の分析と神を切り離したことは、彼が著作活動を行っていた啓蒙時代を象徴している。一方で同じく科学を志したイングランドの聖職者で後にグロスター司教となるウィリアム・ウォーバートンの場合は、神を思い起こすことなくリスボン大震災を受け入れることに葛藤するようになる。ウォーバートンは「こうした恐ろしい事態を人間の不信心に対する神の罰と考えるのは、忌むべき考えだ」と友人に打ち明ける一方で「しかし、私たちが神のおられない絶望的な世界にいると考えることはそれより10倍も恐ろしい」と述べている[12]。

リスボンのカトリック聖職者は地震によって特に厄介な立場に立たされた。地震が本当にリスボン市民の罪に対する神の罰であるのなら、なぜこれほど多くの宗教施設が破壊され、これほど多くの聖職者が犠牲となったのか？ 公式発表では聖職者、修道士、修道女の犠牲者はわずか数百名ということになっているが、当時リスボンには聖職者が非常に多かったことを考えれば、実際の犠牲者数は間違いなくもっと多かったはずだ。犠牲者の実際の数は教会当局によって隠蔽されたにちがいない。

地震の後、ヴォルテールはカトリック教会の信心深さと、世俗社会の最善説的な見通しに激高した。哲学としての最善説は哲学者にして数学者のゴットフリート・ライプニッツと詩人にして随筆家のアレグザンダー・ポープによる影響力ある思想から生まれた。ライプニッツは1710年に出版された善と悪に関する有名な著作『弁神論』で、この世界を「可能な世界の中から選ばれた最善」と規定した。一方ポープも1734年から1735年にかけての有名な詩『人間論（An Essay on Man）』でこう

断言している。

> あらゆる自然はまさに神の業だが、汝にはわからない
> あらゆる偶然はまさに神の指示だが、汝には理解できない
> あらゆる不一致はまさに神による調和だが、理解におよばぬ
> あらゆる部分的な悪は、まさに神の普遍なる善
> うぬぼれや悪意、道を誤る理性にもかかわらず
> 明確な真理がひとつある、存在するものはすべて、正しい[13]。

リスボン大震災の最初の知らせを聞いてから数日後の11月24日、ヴォルテールは友人であるリヨンの銀行家にこう伝えている。

> 人生というゲームは、なんと嘆かわしい偶然のゲームなのだろう！　なにより宗教裁判所がまだ残っているなら、あの説教師たちは口にする言葉もないだろう。少なくとも自信をもって言えるのは、神父も宗教裁判官も他の人々と同じく押しつぶされただろうということだ。つまり人は人を迫害してはならないことを学ぶべきなのだ。聖なるろくでなしが狂信者を火あぶりにしたところで、大地はそれらをみな飲み尽くしてしまうのだから[14]。

1756年1月、リスボン地震を取り上げた詩をパリで匿名で発表したヴォルテールは、教会当局であれ最善説を唱える哲学者であれ、このリスボンの破壊をどう正当化できるのかと問いつめた。どうして退廃的なロンドンやパリではないのか？　何故リスボンは廃墟と化し、パリではダンス三昧なのか？　とヴォルテールはたたみかけた。後に『カンディード』のリスボン地震の節では、この悲劇に対する典型的な反応を、世俗的な人間（水夫）、哲学者（パングロス博士）、純真な人間（カンディード）に語らせることで風刺した。

> 水夫は口笛を吹き、なにやら悪態をつきながら言った。
> 「ここでひと儲けできそうだ」

「この現象の充足理由は、いったい何だろう」と、パングロスは言った。
「これこそ世界最後の日です」と、カンディードは叫んだ[15]。
（『カンディード他五篇』植田祐次訳、岩波文庫）

　ポルトガルの宰相ポンバルはヴォルテールの考えに近かったとも言える。地震の後この現実的な宰相は敬虔（けいけん）な王にすぐさま有名な助言をしている。「では、死人は埋葬し生存者は手当てすることにしましょう」さらに直ちに出された布告で、聖職者が人々の罪や報復の感情を挑発することを禁じた。またイエズス会の指導者ガブリエル・マラグリダが1756年11月に第2の大地震が起きると予言したときには、マラグリダを追放してい

2005年リスボン地震250周年にあたり、リスボンのカルモ修道院の廃墟で催された屋外ミサ。

ルイ＝ミシェル・ファン・ロー『ポンバル侯爵』（1766年、油絵）。

る。3年後にはポンバルはイエズス会の聖職者すべてをポルトガル領土から追放した。1761年リスボンでマラグリダに宗教裁判所（当時ポンバルの兄が裁判所長）の判決が下り鉄環絞首刑とされ、遺体は火刑にされ遺灰はテージョ川に投げられた。この間独裁色を強めていたポンバルは、一方でリスボンの再生も遂行する。パトロンであった国王ジョゼ1世の死去にともない1777年、ポンバルは権力の座から降ろされるが、復興事業はその後も続けられた。しかし1796年、1801年とさらに2度の地震があったことからこの事業は19世紀までかかった。

　何十年もの時間をかけ、リスボンはかつての繁栄の大部分を取り戻すことができた。同時にあのポルトガルの哀愁漂う歌謡曲ファドに感じるような雰囲気、深い喪失感が常につきまとうようになった。ファドが街頭で聞かれるようになったのは1820年代のこと。ディケンズも1850年代にリスボンを旅したとき、街は華やかで魅惑的で活気に溢れているのに、リスボンの「普通の人々」に笑顔が見られないことに気付いていた[16]。

1908年イタリアのメッシーナで地震が起き、水夫が生存者の救出に向かった。
『ル・プチ・ジャーナル』より。

第 3 章　地震学の始まり

　地震学は新しい科学として 18 世紀中頃に誕生した。ちょうどこの時代にロンドンで地震が起き、王立協会が調査報告書を発表する。1755 年にはリスボン地震が起き、ポルトガル政府の質問票に対し被害を受けた教区から回答が寄せられていた。
　そして何より 1760 年には天文学者ジョン・ミッチェルによる地質学の論文が王立協会から発表された。前章でも触れたように、ミッチェルは地震にともなう波動の動きを正しく捉えていた。大西洋を挟んだ対岸でも天文学者、ハーバード大学のジョン・ウィンスロップ 4 世もミッチェルほど正確にではないが、同様の考えを提起していた。1755 年にマサチューセッツ湾の北、アン岬沖合の海底で地震があり、ウィンスロップはボストンにあった自宅で、煙突のレンガがうねるように動くのを目撃した。レンガは順々に持ち上がっては、すぐに元の位置に落下した。ウィンスロップはそのレンガの動きを「小さな地面の波が進んでいく」ようだと表現している[1]。しかし、こうしたミッチェルとウィンスロップによる初期の洞察も、科学界では 19 世紀中頃まで影を潜めることになる。
　その間 1783 年の 2 月と 3 月にはナポリ南部、イタリア半島の「つま先」にあたるカラブリアで破壊的な地震が 6 回続き、世界で初めて地震現地調査委員会が発足した。この群発地震は 3 万 5000 の人命が奪われる大災害となり、ナポリの戦争相も家族 6 人を亡くした。珍しいことにこの地震の被害は局所的に現れ、ある町は壊滅したというのに、すぐ隣町ではほとんど被害を受けないといった具合だった。そしてこの破壊レベルの違いのおかげで、調査委員会は地震を測定し比較できる価値あるデータを得ることができた。
　戦争相は被災地域を視察し、6 回あった地震のうち最も揺れ

が大きかったのは3月28日に起きた最後の地震だったこと、そして死亡者数はそのときが最大ではないことに気付いた。戦争相は可能性として、一帯の住民はそれまでの地震で人々が犠牲になり街が破壊されたことで恐怖に駆られ、最後の地震が起きる前には屋外へ出て建物から離れていたのではないかと考えた。この戦争相にならい、ナポリ王国の科学文学アカデミーも150以上の町村で調査を実施した。その372ページからなる報告書には地図と絵が配され、地震の発生時刻、犠牲者数、破壊の程度、余震や津波の有無と生存者に対する影響、震災後の伝染病発生の有無、さらに一帯の地質がまとめられた。

　この報告書から地震理論は生まれなかったが、初めて地震を「震度階」で表すことに繋がった。地震という現象を定量化する最も初期の試みだ。この震度階を開発したのはイタリアの物理学者ドメニコ・ピニャターロである。ピニャターロは1783年1月1日から1786年10月1日の間にイタリアで発生した地震、全部で1181件の報告書を再調査した。犠牲者数と破壊の度合いによって地震を「微弱」「中程度」「強い」「非常に強い」と分類した。但しカラブリア地震だけは例外で、ピニャターロ

1783年の地震で破壊されたイタリアのレッジョ・ディ・カラブリア。

地震学の草分け的存在、ロバート・マレット (1810 - 1881)。

はこれを「激しい」と判定している。

　こうして大雑把な形ではあったが地震の測定が始まった。しかしこの定量化をさらに進めるには次の悲惨な地震まで待たなければならなかった。1857年12月中頃ナポリ近郊で起きた地震がそれで、推定ではヨーロッパの地震史上3番目に大きいものだった。

　この地震のニュースがイギリスに伝えられると、すぐに関心を示したのがアイルランドの聡明な土木技師で王立協会フェローの、ロバート・マレットだった。マレットが初めて地震に興味を持ったのは1830年で、このときカラブリアにあったふたつの石材を重ねた柱が地震のせいで上部の石材がねじれた。ある書籍にそのねじれ方を示した図表があって、その本を見たマレットは、そうしたねじれを自然の力で説明しようとしたがうまくいかなかった。それでかえって地震の研究にのめり込み、20年以上かけて歴史に残る地震データをかき集めた。

　マレットが集めた世界中の地震は6831件にのぼり、日付、位置、地震の回数、地震波の推定方向と継続時間、さらに地震

による影響も記されていた。1851年にマレットは、地下に埋めたダイナマイトを爆発させて生じる人工地震の測定をしている。爆発が起きてから容器に入れた水銀の表面に波紋が生じるまでに要する時間をストップウォッチで測定するというものだ。このときマレットは水銀表面に十字線を投影し、その反射光を11倍に拡大して観察している。ダイナマイトによる地震で水銀面がかすかに揺れるだけで、十字線の反射像はぼやけたり見えなくなったりした。

この最初の地震計を使ってマレットは質の異なる地盤中を伝搬する地震波のスピードを算出した。すると砂地を伝搬する地震波より花崗岩を伝搬する地震波の方が約2倍速いことがわかった。しかし算出された速度は本来の地震波の速度よりずっと遅く、マレット自身が想定していた速度とくらべても遅かった。おそらくマレットの地震計では、最も速く到達していた波を捉えきれなかったためだろう。

1857年の地震から2週間もたたないうちにマレットは王立協会に対して、ナポリ王国の被災地を調査するため、費用の一部を助成するよう求めた。「このわずか十年で」と切り出したマレットは「地震学は自然界の科学としてその地位を占めるようになっています」と王立協会会長に伝えた[2]。この新しい科学分野を発展させる絶好の機会だった。150ポンドの助成金がすぐに用意されることになり、マレットの調査は1858年1月に開始された。後にマレットは次のように報告している。

> 視察者が被災した街のひとつに初めて足を踏み入れたとき、自分自身が完全に混乱していることがわかった。「瓦礫の山となった街」を前にして視線が定まらなかったのだ。大量の石材やモルタルが散在し、木材は半分埋まっているかなぎ倒され、あるいは倒れないまでも逆光の中でやっと立っているといったありさまで、その荒廃した様子に愕然とした……
>
> ざっと調査した結果、最初はすべてが無秩序状態にあるように思えた。家屋はあらゆる方向に崩れ落ちているようだった。そこには法則性など一切ないように思え、家屋を倒壊させた力に方向性があるようにも見えなかった。しか

し、見晴らしのいい場所に立ってみると、廃墟の現場全体が眺めわたせるようになり、そのとき初めて激しく破壊された部分もあれば破壊が軽度な部分もあることがわかった。それからコンパス片手に家屋を1軒1軒、道路を1本1本崩壊の様子を辛抱強く調査し、細かい点まで分析し、各々の建物の倒壊の原因となったに違いない力の方向について、以前に観察したものと比較し、ついにこの無秩序状態が表面的なことに過ぎないことを理解するにいたった[3]。

マレットは熟達した目で破壊された爪痕をひとつひとつ評価し、地震の破壊力つまり震度の等しい場所を線で結んだ地図「等震度図」にまとめた（この手法は改良され、現在も震災ハザードマップの作成に利用されている）。確かにマレットは地震運動の指標として、落下物の方向性と建物のひび割れの形態を重視しすぎてはいた。実はひび割れの形態は建物の構造によるところが大きいのである。それでもマレットはこの等震度図により、震央と地震の相対的大きさを推定することができた。

さらに写真術という新しいテクノロジーも利用して破壊の様子を記録した。その後2巻からなる詳細な『1857年ナポリ大地震（Great Neapolitan Earthquake of 1857: The First

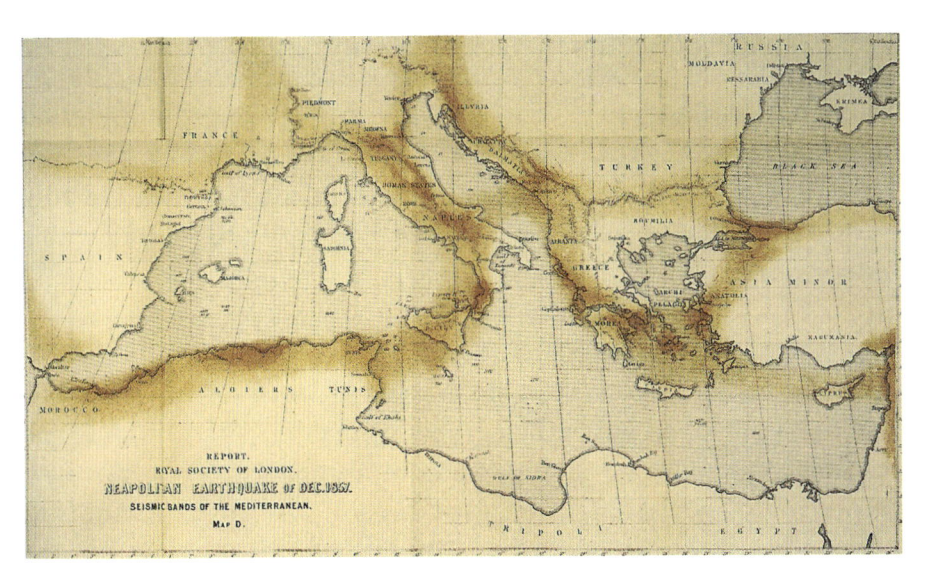

1857年の地震により地中海で揺れがあった地域の地図。ロバート・マレットによる（1862年）。

第 3 章　地震学の始まり　　57

Principles of Observational Seismology)』をまとめ、王立協会に報告し 1862 年に出版された。さらに世界震度地図も出版し、地球を帯状に取り巻く特定の地域に地震が群発していることを初めて明らかにした。この事実を説明するにはプレートテクトニクス理論が必要で、帯状のパターンの解明はまだ 100 年先のことになるが、その間マレットの地図はこの謎のパターンによって科学界の注目を集めた。

　マレットが示した地震の震度と、新聞などでよく報じられる地震のマグニチュードの値を混同してはいけない。どちらも地震の規模を測定しているのだが、マグニチュードが地震計の振り子の振れから算出されるのに対し、震度は人工的な構造物の目に見える破壊の程度や、地割れなど地表に現れた変化、さらにたとえば地震発生時に車を運転していた人物への影響といった体験報告がもとになっている。つまり震度は人間が地震の結果と捉えた事象を数値化したもので、マグニチュードは計測装置で検出された結果を数値化している。

　現在ではいくつかの震度階級が利用されているが、一般的に利用されている震度階級は、もともとイタリアの火山学者ジュゼッペ・メルカリが 1902 年に開発したものを改良したものだ（右表）。しかしこの震度階級には大きな欠点があった。右の震度階級にざっと目を通してもわかるように、測定が本質的に主観的で、容易には判別しにくい建築の質によって震度階級の評価が変わってしまうのである。たとえば同じ地震で、ある家屋が倒壊を免れてもすぐとなりの家屋は倒壊していることがある。震度階級はその地域の文化にも依存する。震度の目安となっている事象が、ある文化的文脈では簡便に使えるとしても、他の文化では役に立たない場合もあり得るということだ。

　石造と鉄筋コンクリートの建物の損傷を目安とした場合、たとえば東京ではそうした指標が重要だとしても、インドの村落ではほとんど意味をなさない。実際カリフォルニアの地震学者は、カリフォルニアの実状にあわせてメルカリ震度階級を修正するように提案し、食料品店や酒屋、家具屋での被害の程度、さらになんとウォーターベッドに生じた揺れまで含めるよう求めた。

　最終的に最も不十分な点は、メルカリの震度階級では観測者

「メルカリ震度階級」（1931 年改訂版）

I 特に感知しやすい条件にあるごく少数を除き、ほとんどの人は揺れを感じない。

II 建物の上層階にいて、安静にしている少数の人が感じる。吊されている物が揺れることもある。

III 屋内、特に上層階ではかなりはっきりと揺れを感じるが、多くの人はそれが地震だとは気付かない。停車している自動車がわずかに揺れることもある。トラックが通過するときのような揺れ。揺れの継続時間を測定できる。

IV 日中の屋内であれば多くの人が揺れを感じ、屋外ではほとんどの人は感じない。夜間であれば目を覚ます人もいる。食器や窓、ドアがカタカタ揺れる。壁がきしむ音がする。大型トラックが建物にぶつかったように感じる。停車している自動車が揺れるのがはっきりわかる。

V ほとんどすべての人が感じる。夜間であれば多くの人が目を覚ます。食器や窓ガラスなどが壊れる場合がある。しっくいにひびが入ることもある。不安定な物は転倒する。木や電柱など背の高い物が揺れているのに気がつくことがある。振り子時計が止まることもある。

VI すべての人が揺れを感じ、多くの人が驚いて屋外に飛び出す。重い家具が動くこともある。しっくいがはがれ落ち、煙突が破損することがある。被害は小さい。

VII すべての人が屋外へ飛び出す。設計、施工のよい建物はほとんど被害はない。施工のよい通常の建物の被害は小さいか中程度。いい加減な施工あるいは、劣悪な設計の建物はかなり大きな被害を受ける。自動車の運転中に揺れに気がつく。

VIII 特別に耐震設計を施された建物の被害はほとんどない。一般的な丈夫な建物では、部分的に倒壊するなどかなりの被害がある。劣悪な設計、施工の建物の被害は甚大。仕切り壁が枠からはずれ放り出される。煙突や工場の排気筒、柱、記念碑、壁が倒壊する。重い家具が転倒する。砂や泥が少量噴出する。井戸水に変化が現れる。自動車を運転していて不安を感じる。

IX 特別に耐震設計を施された建物でも被害が大きくなる。良好な設計のフレーム構造の建物でも斜めに歪む。丈夫な建物の被害も大きく、部分的に倒壊する。建物が動いて基礎から外れる。地割れが目立つ。地中の配管が破壊される。

X ていねいに建てられた木造建造物でも全壊する場合がある。石造とフレーム構造の建物の大半が基礎ごと倒壊する。ひどい地割れ。線路が曲がる。河川の堤防や急斜面で地すべりがかなり発生する。土砂の移動。川の水が波打ち堤防を越える。

XI （石造）建物で立っているのは、あっても非常に少ない。橋は崩落する。大きな地割れが生じる。地中の配管は完全に破壊され使えなくなる。軟弱な地盤では地面が陥没し、地すべりが起きる。線路が激しく曲がる。

XII あらゆるものが崩壊する。実質的にあらゆる建造物が大きな被害を受けるか崩壊する。地面が波打つのがわかる。地形や水平線が歪む。物が空中に投げ出される。

と震央との距離がまったく考慮されていないことだ。小さい地震でも震央に近い観察者なら震度が大きくなり、もっと大きな地震でも遠くの観察者であれば小さな震度が記録されることになる。

　それでも震度階級は非常に有効である。世界には強い地震で生じる地動を測定する地震計がない地域も多い。また 20 世紀以前の地震記録に示されているのは揺れの強さだけだ。従って

火山学者で地震学者ジュゼッペ・メルカリ（1850－1914）は実験中に死亡。
アキッレ・ベルトラーメ作（1914年）。

60　　　*Earthquake*

地震計の基本構造。

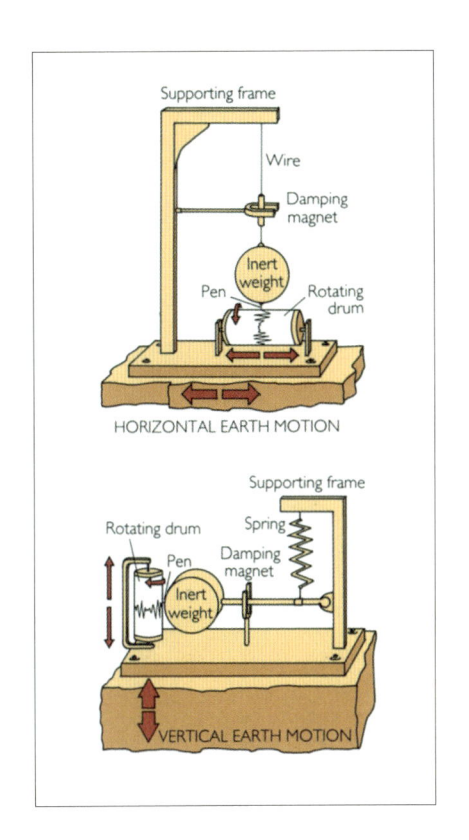

20世紀以前の地震と現在の地震を比較するには、この震度が唯一の定量的方法になる。

　マレットの研究以降、マグニチュードの測定など、地震の理解をさらに深めるには現代的な地震計（seismometer）の開発が不可避だった。地震計の基本構造はフレームに自在に動く錘つまり振り子を吊したもので、水平方向に振れるものと、スプリングで錘が上下に振動するものがある。水平方向に振れる錘は、横方向つまり地盤の水平方向の動きに反応する。上下に振動する錘は地盤の鉛直方向の動きに反応する。フレームは地盤の揺れに素直に同期して動くが、吊された錘はその慣性によって、フレームと同時ではなく遅れて動く。こうした地震計の仕組みによって地盤と錘の相対的な動きが記録できる。

　この地盤に対する錘の相対的な動きを、一定の速度で動く紙の上に軌跡として記録できるようにしたもの、現代ならコン

ピュータ上にデジタル信号として記録できるようにした地震計のことをサイズモグラフ（seismograph）という。

　最古の地震計はおよそ2000年前の古代中国まで遡ることができる。紀元後132年、天文学者で数学者の張衡によって発明された。張衡の装置は8匹の龍の頭が方位磁石の8方位に配されている。この龍は直径およそ2mの酒瓶に似た装飾用容器の外側に頭を下にしてあしらわれている。瓶の底のまわりには龍の頭の真下に8匹のカエルが口を開けて座っている。地震が発生すると、青銅の玉がいずれかの龍の口からこぼれてカエルの口に落ち、カンカンと響く。複数の玉が落下するような複雑な揺れでなければ、震源の方向は玉がどの龍から落ちたかによっておおよその見当がつく。

　張衡の地震計の内部の仕組みはわかっていない。しかし19世紀と20世紀の地震学者らはその仕組みを推測し、動作する模型まで製作した。正確な仕掛けはともかく、基本的な地震検出器として、なんらかの振り子が組み込まれていたはずで、その振り子の動きがレバーに連動して青銅の玉を落とす仕組みだったのだろう。

　地震計の仕組みはともあれ、中国史を綴った『後漢書』（後漢朝についての歴史書）によれば、紀元後138年張衡はこの地震計の反応から、当時の中国の首都洛陽から北西に650km離れた隴西で大きな地震があったと発表した。早馬を駆って使者が震災のニュースを届けたのはそれから2、3日後のことだった。地震の発生を正しく示せたことで、この地震計の有効性を訝っていた人々の信頼も取り戻すことができ、張衡はこの装置の監視役を任命するよう朝廷に上申すると、この役目はその後400年間存続した。

　地盤と振り子の錘の相対的な変位を記録することを目的とした最初の地震計は、1751年イタリアでアンドレア・ビーナが設置した。この装置は振り子の錘に針をつけ、地盤に対して静止した砂の上に跡を残すようにしたものだ。振り子を長くしておけば、地盤の速い揺れに対して錘りは不動点となり、地盤とともに動く砂地の上に錘と地盤の相対的変位が記録される仕掛けだが、実際に地震の測定に利用されたという記録はない。19世紀になるとマレットの水銀を使った装置の他にも地震計

天文学者張衡（紀元後78‐139）と竜頭地震計。19世紀の中国の画家による。

がいくつか登場した。しかし現代的な地震計の最初のものとなると、つまり水平方向と鉛直方向の動きを記録でき、記録面を動かすことで時間経過に沿った軌跡を残せる装置が登場するのは1875年のことだった。この装置を開発したのもやはりイタリアの地震学者P・F・チェッキで、2本の振り子を使い互いに直角をなすふたつの水平方向の運動を記録し、同時にスプリングに取り付けた振動する振り子で鉛直方向の動きも記録するアイデアを導入した。しかし反応が鈍かったためほとんど使われることはなく、実際チェッキの地震計が使用に耐えるように

第 3 章　地震学の始まり

なるのは 1887 年になってからのことだった。1880 年代になると地震計は日本で画期的な発展を見せ、イタリアを凌ぐまでになっていた。地震観測初期に関する歴史の専門家のふたり、ジェームズ・デューイとペリー・バイアリーは「確かにチェッキの地震計はあるにしても」と前置きし、次のように述べている。

> 地震学において地震計を初めて導入した功績は、19 世紀後半に日本で教鞭を執っていたイギリスの教授らのグループのものであることは明らかだろう。これらイギリスの科学者たちは初めて地盤の動きを時間の関数として記録したのである。さらに彼らはこうした記録から地震動の性質についてどんなことが解明できるかについても理解していた。独自の地震計を駆使して地震波の伝搬を研究し、また工学的目的から地震による地盤の応答の研究にも地震計を利用したのである[4]。

1870 年頃、明治時代となった日本は急速に西洋文明を取り入れ、明治政府は新設省庁の科学技術関連のポストや、東京に新設された帝国大学工科大学（1886 年に東京帝国大学に統合される）の教師として外国人を雇い入れるようになった。1865 年から 1900 年にかけて日本では西洋の専門家 2000 人から 5000 人が働き、その大半は 20 代だった。これら外国人は公式には「尊敬すべき外国人使用者、雇用者」という意味で「お雇い外国人」と呼ばれた。「お雇い外国人」は日本の近代化を支援することが目的であり、愛国心の強い日本人を植民地国民に追いやることのないよう、実質的な権力を振るえるポストは一切与えられなかった。

皮肉なことに地震学の分野にはお雇い外国人は招聘されていなかった。日本人は地面が揺れるのは当たり前のことと思っていたためか、地震研究が喫緊に必要な課題とは捉えていなかったのだ。しかし日本で生活する外国人にとって、その馴染みのない現象は強烈な印象を残した。帝国大学工科大学では 1870 年代の外国人教師の間で常に話題になっていたのが地震だった。「朝食のときも、昼食のときも、お茶の時間、夕飯のときも地震だ」

『デイリー・ミラー』は1面で地震学者ジョン・ミルン（1850 - 1913）の訃報を伝えた。左側の日本人女性はミルンの妻。

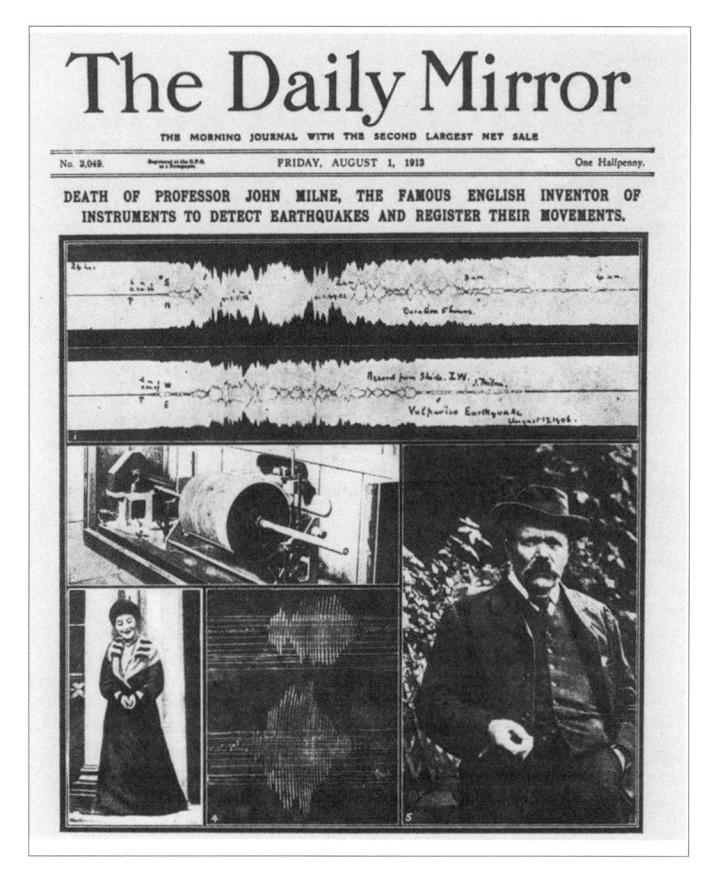

と外国人教師のひとりジョン・ミルンは述べている[5]。その結果、日本における地震学は日本人ではなく、地質学や鉱山学、土木工学など地震と繋がりのある分野の外国人教師によって確立され、そうした教師の大半がイギリス出身者だった。

　ついに1886年、東京帝国大学に世界初の地震学講座が開設され、ミルンの弟子関谷清景が教授についた。他にも大森房吉など卓越した日本人地震学者らの登場により、20世紀を目の前にした短い間、日本は東京帝国大学を中心として地震科学で世界をリードした。驚いたことに、アメリカ合衆国では1911年になるまで地震学の教育課程が存在しなかった。サン・フランシスコ大地震から5年たち、ようやく地質学の名のもとにカリフォルニア大学に地震学の教育課程が導入されたのである。

こうした外国人教師の中でミルンは最も重要な存在だった。1867年ミルンは26歳のときに鉱山学と地質学の教授としてイングランドから東京へやってきた。1881年に日本女性（住職の娘）と結婚し、お雇い外国人としてはかなり長い期間となったが、1895年まで日本に滞在した。1880年、横浜地震の強い揺れの後、ミルンは地震学に関する世界初の学会「日本地震学会」の設立を要請することになるが、このときミルンは日本人を会長とすることを強く勧めた。ミルンは1881年にふたりのイギリス人科学者（ジェームズ・ユーイング、トマス・グレイ）とともに地震計を設計し、東京帝国大学に設置した。

　1883年からこの地震計が日本各地に設置されるようになり、1台はグラスゴーで製作され英国科学振興協会（British Association for the Advancement of Science）から明治天皇に献上されている。1895年イギリスに帰国したミルンは、地震観測所の世界ネットワークの設立に尽力した。世界各地の観測所から集められたデータは、ワイト島シャイドの自宅でミルン自ら運営する中央地震観測所で分析された。この記録はその後『シャイド地震通信（The Shied Circular Reports on Earthquakes)』という形で世界中に提供されるようになり、1900年からミルンが死去する前年の1912年まで発行された。

　さらにミルンは地震学の優れた教科書も著している。地震学に対する理論的貢献こそ少なかったが、ミルンは地震学の父と称されるに相応しい多大な貢献をした[6]。

　1880年の地震の後、日本だからこそともいえる不協和音が生じた。伝統的な日本の木造建築を支持する者と、近代西洋の石材とレンガによる建築を支持する者との間の対立だ。日本の建物は地震には比較的強かったが火災を起こしやすく、一方西洋の建物は地震で崩壊しやすいが火災には比較的強かった。1870年代に大火があり銀座など東京の一部地域が焼失すると、近代化を進めていた当時の東京府は、銀座にレンガ造の住宅と商店街を建設した。設計はアイルランドのお雇い外国人建築家によるものだった。確かに火災には強い街になったものの、東京府の思惑とは裏腹に、銀座は住民からもビジネスからもそっぽを向かれてしまった。地代が高いうえ使い勝手が何かと不便で、レンガの街並みが親しみやすさに欠けたことも不人気の要

因だったが、同時に西洋式の建物で地震に遭ったときの恐怖心も手伝っていただろう。

　皇居新宮殿の造営は1879年から始まったが、その間に小さな地震があって西洋式建築にひびが入ったことから、新宮殿を全面的に西洋式とする設計は修正を余儀なくされた。新宮殿内にある宮内省庁舎は石造の計画のまま進められたが、天皇の住居である奥宮殿などは木造建築に切り替えられ、設計も当初の外国人建築家ではなく宮内省内匠寮(ないしょうりょう)の技師木子清敬(きこきよよし)が担当した。この日本建築か西洋建築かという論争は、当然単なる工学的議論の枠には収まりきらなかった。ミルンは気がついてみれば自分自身がそうした論争のまっただ中にいた。

　ミルンは1880年の横浜地震の被害を記録し、それを1857年のナポリ地震後にマレットが記録した被害状況と、どうしても比較したかった。しかし地震後の日本建築には、ミルンが必要としたデータを収集できる建物はほとんど存在しなかった。歯がゆい思いでミルンはこう述べている。

　　　どこもかしこも木造家屋で、その構造は一般的に非常に柔軟なため、地震で左右に大きく揺れはするものの、レンガ造や石造の家屋であれば完全に倒壊しているほどの揺れでも、地震が収まれば、丈夫な木造の継ぎ手のおかげで元の位置に戻り、地震が起きたときの揺れの特徴を示す明瞭な情報となる痕跡がまったく残らないのだ[7]。

　確かに日本建築の中には、五重塔のように明らかに地震による被害から保護するため、古来から巧妙な木組を利用してきた建物もあった。

　それとは対照的なのが横浜のレンガ造や石造の建物で、（少なくともミルンにとって）幸いなことに「巨大な地震計」の役割を果たしてくれた。1880年の地震の際には横浜にあったレンガ造の煙突はほぼすべてが倒壊し、洋館も数軒が倒壊したが、東京と同様に横浜の日本家屋で大きな被害を受けたものはなく、わずかに漆喰が崩れた倉庫があっただけだ。横浜でミルンは外国人居住者に質問票を送り、窓は割れたかどうか、割れたとすればその時刻、また煙突が倒れた方向など被害の報告を

求めた。東京で調査対象となり得る石造建築は、ずっと規模が小さくなり、東京周辺の田園地帯にある墓石だった。それらの墓石は横浜地震で明瞭な方向性を残して倒れていた。「横浜の被災住民たちが失ったものを思えば、何の慰めにもならないだろう」とミルンはことわりながら「もし倒壊した家屋が建てられていなければ、地震に関する私たちの知識はあまりに貧弱で価値のないものになっていただろう」と述べている。

　1880年代にミルンは気象学者や電信士、軍そして国家官僚の力を借り、日本全国を網羅する地震観測体制を整備した。「先ず隗（かい）より始めよ」とばかり、ミルンはまず東京帝国大学の本館を地震計代わりにしてしまう。本館の基礎部分の既存のひび割れに分類札を付け、年代を定め、大きさを測定し、壁面には地震計（seismograph）と類似した装置を直接取り付けた。1882年には郵便局や学校など地方行政施設あてにはがきを束にして送付し、当該施設の役人に有感地震の回数を記録して毎週東京のミルンあてに郵送するように要請した。こうしてミルンは地震活動頻度が最も高い地域を特定し、十分な揺れがあれば止まる仕掛けにした時計をそうした地域に設置した。こうして異なる場所での地震発生時刻に関する比較可能なデータが得られるようになった。

　1883年にはこうした地震発生時刻を記録する手順に関する緻密（ちみつ）な指示が地震学会「地震観測網整備委員会」から担当事務官らに周知された。「東京気象台」の測候所にもこの時計が設置された。こうしてミルンは「多くの行政職員の既存の職務に地震観測をうまく上乗せすることができた」のである[8]。

　1891年、ミルンはついにマレットが1857年に調査したイタリア地震に匹敵する日本の壊滅的地震を体験する。全国有数の穀倉地帯を育む沖積平野、濃尾（のうび）平野で起きたこの地震は、今日では「濃尾地震」あるいは「美濃・尾張地震」とも呼ばれる。このときの揺れはほぼ日本全土で感じられた。当時はまだマグニチュードという尺度は知られていなかったが、当時の地震動記録をもとにすると、マグニチュード8.4ぐらいだったらしく、このことから美濃・尾張地震は1923年の関東大震災と同程度かわずかに大きな地震だったようだ。犠牲者約7300人、負傷者数万人さらに10万人以上が住まいを失ったこの地震は、

1855 年に江戸（東京）を壊滅させた地震以降、それまでで日本最大の地震だった。

1892 年ミルンは英国学術協会に濃尾地震による被害について次のように報告している。

> 鉄道の線路はねじれ大地には亀裂が生じ、洪水から平野部を防御する河川の高い堤防が何百 km にもわたり破壊され、ありとあらゆる構造物が完全に廃墟となり、山腹が滑り落ち山頂は崩れ、渓谷は堰き止められるなど、途方もない現象が生じたことから判断するなら、昨年 10 月 28 日の朝、中部日本は地震学史上かつてない激しい揺れに襲われたことになる[9]。

翌年ミルンは東京帝国大学で同僚だった技術者のウィリアム・バートンとともに共著『日本の 1891 年大地震 (The Great

1891 年日本で起きた美濃・尾張地震によって被害を受けた線路。

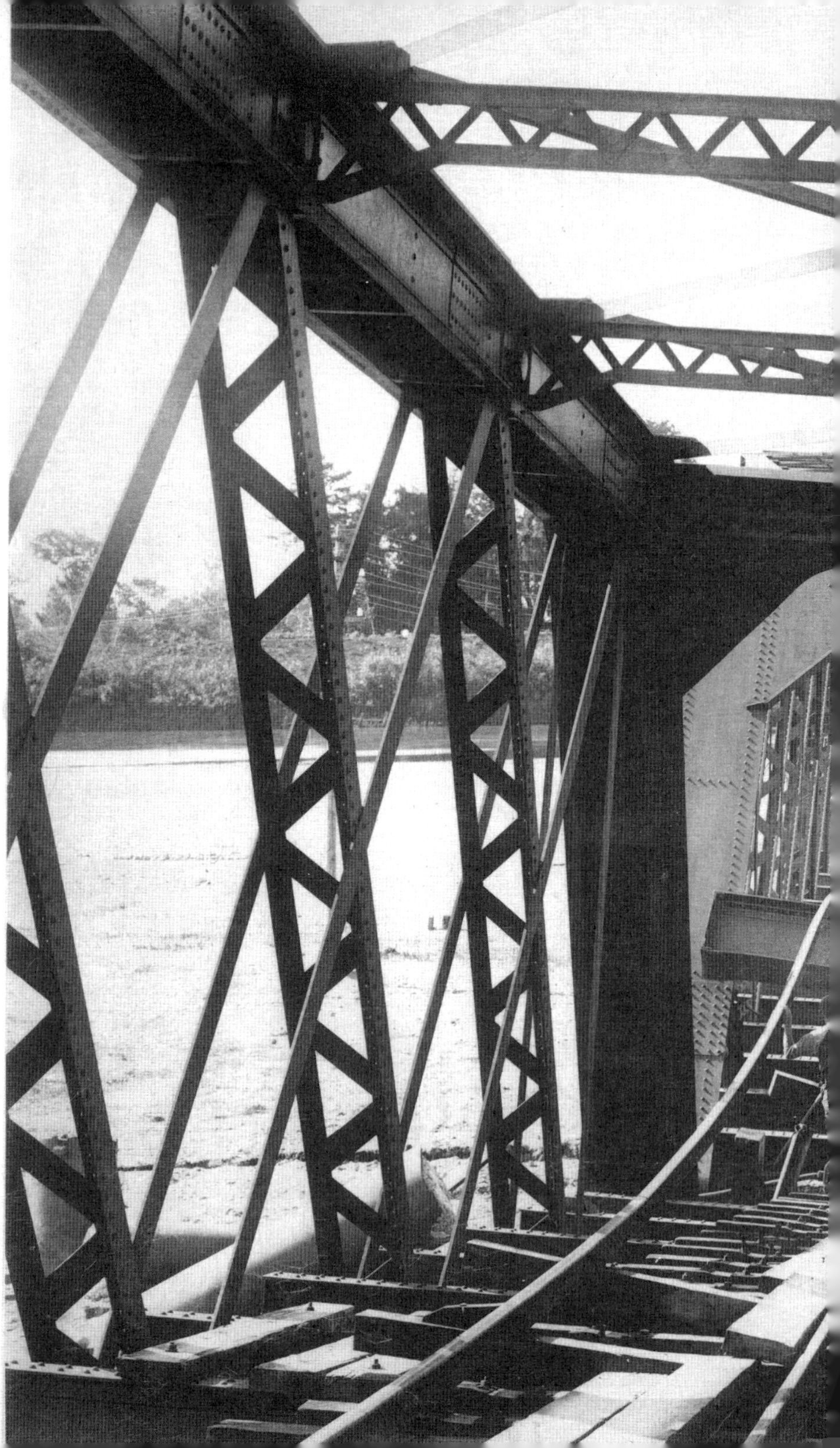

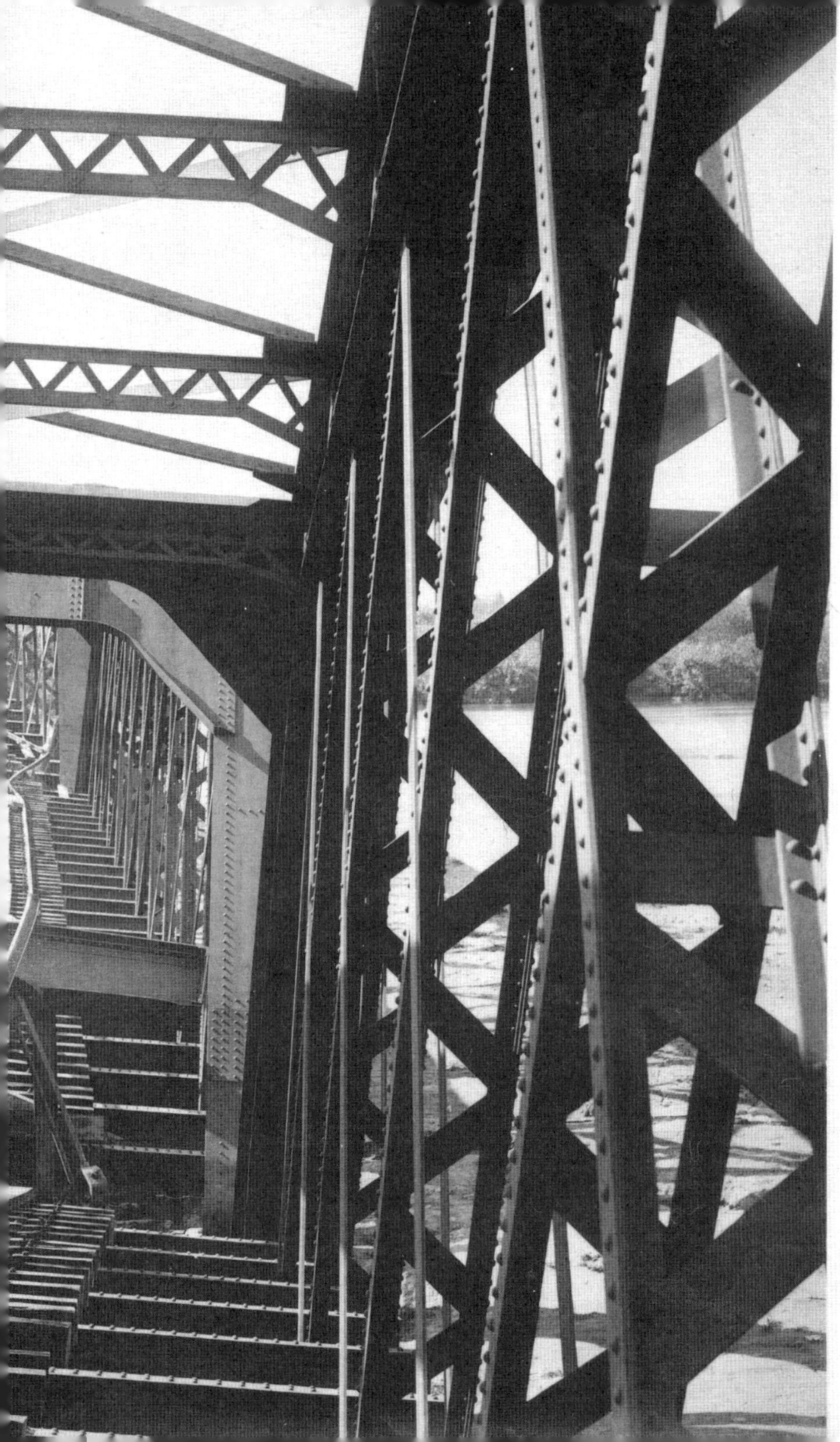

Earthquake of Japan 1891)』を日本で出版し、ねじれた線路や破壊された橋、廃墟となった工場など衝撃的な写真を掲載することで、英国学術協会への報告をいっそうリアルに伝えた。同時にミルンはこの地震が直接のきっかけとなって設立された政府の震災予防調査会にも参加を要請されている。東京帝国大学の日本人技術者、建築家、地震学者、地質学者、数学者、物理学者とともにこの調査会に招かれた唯一の外国人だった。同調査会は将来地震が生じた際の防災研究に取り組む日本初の公的機関となった。

　しかしこの頃ヨーロッパでは高精度な地震計が発明され、地震学は世界的な転換期に入っていた。この新しい地震計は機械的に記録するのではなく、連続的に移動する写真フィルム上に光学的に記録するものだった。これを転機に地震研究はその生誕の地日本を離れ、地球の反対側の地震研究所で勢力的に進められるようになった。1889年、ドイツのポツダムに設置されたエルンスト・フォン・レビュア＝パシュヴィッツ設計による地震計が大きな地震（熊本地震）を検出したのは、日本で揺れが感じられてから約1時間後のことだった。ミルンはこの観測が正しいことを確認すると1894年、同じように写真記録を利用し、自らの名を冠した新たな地震計の設計に取りかかった。1895年に日本を発ちイギリスに戻ることをミルンに決断させたのは、この地震計の感度の良さが一役買っていたのかもしれない。イギリスにいながらにして日本で生じる地震の研究が続けられるからだ。しかし離日の決意にはもうひとつ理由があった。運悪く東京の自宅が火事で全焼してしまったのである。

　一方で日本の地震学者は、特に日露戦争（1904—1905）に勝利してからは、海外各地の調査旅行に頻繁に出掛けるようになっていた。1905年大森房吉はアッサム大地震の余震を記録するため、科学者と建築家の一団とともにインドへ向かった。1906年には有名なサン・フランシスコ地震の後カリフォルニアへ渡り、サン・フランシスコの廃墟を調査し（このとき大森は反日的な生存者数人に襲われ軽傷を負っている）その報告書をまとめているが、この大森の報告書はヨーロッパの科学者にとってもサン・フランシスコ地震に関する初の詳細な報告となった。地元新聞は大森の大判の写真を掲載し「世界随一の地

（前ページ）1891年美濃・尾張地震で損壊した長良川鉄橋。

『サン・フランシスコ・コール』(1906年8月) に掲載された地震学者、大森房吉 (1868-1923)。

震学者が太鼓判、サン・フランシスコは安全」と見出しを打った[10]。さらに1908年、南イタリアのメッシーナを襲い12万人の犠牲者を出した大震災 (52ページ参照) の調査にも赴いている。

　このとき大森は、1891年の美濃・尾張地震では犠牲者数は非常に少なかったが、日本の一般的な家屋が木造ではなくイタ

第 3 章　地 震 学 の 始 ま り　　73

リアのようにレンガ造や石造であれば、犠牲者の数は膨大なものになっていたことは間違いないと結論づけた。

　同時に地質学者やケルヴィン卿として知られるウィリアム・トムソンなどの物理学者は、地球の内部構造を「X線」のように描き出す地震学の新たな可能性を探りはじめていた。地殻やマントル、核など、性質の異なる部分を通過する地震波を離れた場所にある複数の地震計で検出し、地震波の速度と軌跡を算出することで、地球の内部構造を見極めようというのである。20世紀前半になると、地震学は次第に地球物理学という広範な分野の一部となっていくように思われた。しかし地震学にはまだ、いつ、どこで、どうして地震が起きるのかという一般理論がなかった。将来首都圏で起きる地震をめぐる大森の予測も、後に本書でも見るように、まったくあてにならなかったのである。

第 4 章　関東大震災──1923 年東京

　1923 年 9 月の関東大震災が起きるまで、江戸（東京）を襲った地震で最も被害が大きかったのは 1703 年の「元禄地震」と 1855 年の「安政江戸地震」だった。前者の場合地震で 2300 人が犠牲となり、その地震で発生した津波により推定 10 万人以上が亡くなっている。安政江戸地震のときには、第 1 章でも触れた「鯰絵」が大流行した。この安政江戸地震のマグニチュードは推定で 6.9 から 7.1 と比較的小さかったが、震源が浅く、震央が江戸の中心部に近かったため、主に火災によって膨大な数の人命と財産が奪われることとなった。江戸とその周辺で 7000 人から 1 万人が死亡し、少なくとも 1 万 4000 の建物が破壊された。たび重なる余震は 1 日に 80 回にもおよび、地震のあと 9 日間も続いた。

　しかし長い目で見ると、1855 年の安政江戸地震の場合、物理的被害よりも心理面での影響のほうが大きかった。この地震が当時の首都江戸を襲ったのは、日本の支配階級つまり徳川幕藩体制の末期にあたり政治が行き詰まっていた頃で、その前兆を示すかのように 1853 年と 1854 年の 2 度にわたりアメリカの海軍提督、東インド艦隊司令長官マシュー・ペリーが蒸気船艦隊を従えて日本へ来航した。これは砲艦外交の有名な事例で、鎖国をしていた日本に開国をせまり欧米との貿易を開かせ影響力をおよぼそうとするものだった。

　1855 年の鯰絵の中にはその絵柄や文章で、安政江戸地震の原因をペリー来航に直接結びつけているものもあるが、アメリカからの侵略者に対する日本人の反応には、拒絶と魅惑という相反する感情が入り混じっていた。

　たとえばある鯰絵の錦絵版画では、ナマズが威嚇的な黒クジラに変形され小判を吹き出しているのだが、それはクジラの通

常の噴気口からではなく、このクジラを蒸気船に見立てるとちょうど煙突が付いているあたりに描かれている。つまりこのクジラすなわちナマズは、意図してペリーの「黒船」に似せているのである。日本の人々は海岸に立って「富をもたらすクジラ」であるナマズを手招きしている。別の版画では、正座したナマズ（ナマズの尾のそばには左官職人の使うコテがある）とペリー提督（足下には剣付き鉄砲が置かれている）が行司をはさんで、文字通り首に紐をかけて首引きをしている。勝敗の行方ははっきりしないが、アメリカ海軍提督の方がわずかに前のめりになっていて行司がナマズの方に軍配を上げていることからすると、ナマズの方が優っていたようでもある。

　この鯰絵にはペリーとナマズが交わしている問答がびっしりと書き込まれていて、国内を実効的に統治し意欲的なアメリカと、武家政治が無力なため人々が慈悲深い神々（ナマズを制圧している鹿島大明神など）に助けを求めなければならない日本が対照的に表現されている。この地震の原因とされるナマズが、ときには有益なものと見なされることさえある。アメリカ人研

（上）ペリー提督と「首引き」で戯れるナマズ。1855年の安政江戸地震後の木版画。

（右）ナマズをクジラ、さらには黒船になぞらえている。1855年の安政江戸地震の後の木版画。

第 4 章　関東大震災・1923 年東京

究者のグレゴリー・スミッツは「江戸の住民にとって1855年の地震は『世直し』の動きのひとつでもあった」と述べ、「こうした見方からすれば、安政江戸地震は文字通り、慢心のうえ不安定化し疲弊した社会を覚醒させた」と捉えている[1]。

主に安政江戸地震によって社会に対する不満が生まれ、日本が近代化へと動きだし、最終的に幕府が倒れ1868年に明治天皇の復権へと繋がったとするのは言い過ぎだろうが、特に鯰絵に内包された幕藩体制崩壊のメッセージを通して、安政江戸地震がその後の歴史の流れに大きな役割を果たしたことは間違いない。「江戸の匿名の版画家たちは、江戸直下で起きたこの地震によって日本全国が覚醒したと見ていたが、彼らは確かに正しかった」とスミッツは結論づけている[2]。

世紀の変わり目にあたり始まったばかりの地震を研究する科学にとって、何をさしおいても日本で取り組むべき課題は、次の大地震が再び東京を襲うのはいつかということだった。

この問題が1905年に東京帝国大学地震学講座教授の大森房吉(おおもりふさきち)と同講座助教授の今村明恒(いまむらあきつね)との間に「現代の日本人地震学者の間で伝説となっている亀裂」を生んだと、『地震国——日本における地震の文化政治学(Earthquake Nation: The Cultural Politics of Japanese Seismicity)』でグレゴリー・クランシーは書いている[3]。立場上大森は今村の上司だったが、大森は今村よりわずかに年上なだけで、ふたりはすぐにライバルとなった。

大森の見解によれば、首都直下の地質断層で頻繁に地震活動が生じているので、東京で大地震が起きるリスクは増大ではなく減少している。大森は小規模の地震が発生することで地震応力(断層面に蓄積されるひずみによる力)の危険な蓄積が解放されると考えていたからだ。一方、大森が特に注意を向けていたのは濃尾(のうび)平野など長期にわたり地震活動が見られない地域だった。この地域では1891年に大災害となった美濃・尾張地震が起きたときにも、それまでの数百年間は比較的地震活動が少なかった。

今村は、大森とは対照的に、東京の南に位置する相模湾に注目していた。ここでは地質断層が海面下にあることから、地震記録が欠如していることが気がかりだったのだ。1905年、今

村は一般向けの雑誌『太陽』に寄稿した記事で、50年以内に東京で大地震が起きると予測し、東京は最悪のシナリオに備えるべきだと勧告までした。さらに東京の大部分が木造建築であることから、巨大な地震で火災が起きれば10万人以上の犠牲者が出ると論じたのである。

　予知はしたものの、今村の1905年の予測には裏付けとなる科学的証拠がなかった。そこで大森は同じ雑誌に「東京と大地震の浮説」と題して寄稿し今村の考えを公然と批判した。陰陽五行説で火を象徴する「丙」と「午」が重なる「丙午の年」には大火が続くという「ひのえうま伝説」があるが、大森は今村の終末論的予測をこの伝説にだぶらせた。そして大森は「東京で近い将来大きな地震が発生するという説は、学術的に根拠がなく取るに足りない」と断じた[4]。同僚の中には今村を避ける者も出てきたが、それでも今村は自らの主張の撤回を拒んだ。1915年大森と今村は再度地震予知をめぐって公然とやり合った。このときには今村はやむを得ず東京帝国大学をしばらく休職せざるを得なくなり、里帰りしたときには父親からも激しく非難される始末だった。

　一方の大森はその間に評価を高めていた。自ら開発したボッシュ＝大森式地震計（ボッシュはドイツの製造会社名）は、20世紀初頭には世界中で利用されるようになっていた。大森ははるか遠く離れたサン・フランシスコで偉大な地震学者と称賛されただけでなく、環太平洋地域、南部イタリアさらに中国での地震も予知していた。1906年にはアリューシャン列島とヴァルパライソで、1908年にはメッシーナ、1915年のアヴェッツァーノ、1920年の甘粛（ガンスー）で地震現象があったため、大森の予知が確証されたように思われるが、強調しておかなければならないのは、大森は地震が発生する場所を予知したのであって、いつ起きるかについて予測したわけではなかった。地震空白域と地震応力の緩和に関する大森の理論は、母国日本で手痛い失態を演じることになる。

　1921年12月8日に関東地方で過去28年間で最大の龍ヶ崎地震が起き、東京でも水道管が損傷し飲料水の供給がほぼ絶たれた。1922年中頃にはさらに強い地震があり、建物が損壊し、電話が使えなくなり、鉄道も不通になった。さらに1923年初

めにも過去2回に次ぐ3番目に大きな揺れが襲った。

　大森は自らの理論から、これらの地震、中でも3番目の地震によって、東京直下の断層に作用する地震応力が緩和されたと考えた。首都東京もこれで安心できるはずだった。1922年に発表した科学論文で、大森は「おそらく1922年4月26日の被害をもたらした地震で、地震休息期の後過去6年続いた地震活動期は終了しただろう」と推測した[5]。1923年にさらに小さい地震があってその確信をいっそう確かなものとした大森は別の論文に次のように書いている。

　　　将来東京が1855年のような激しい地震に襲われることはないと考えていいだろう。直近の地震が東京直下で起きていて、壊滅的な地震が再び同じ場所で起きるまでには少なくとも1000年あるいは1500年を要するからである[6]。

　この2番目の論文が出版される1924年までには、関東大震災が起きて東京の大部分が壊滅し、大森自身も他界していた。

　1923年9月1日、関東大震災の当日、大森は東京から遠く離れたオーストラリアのシドニーで第2回汎太平洋学術会議（Pan-Pacific Science Conference）に参加していた。オーストラリアの地震学者から大森が地震計を見せてもらっていたとき、突然地震計の針が振れ、遠く離れた故郷の破壊を記録した。当初の報道では死者数万人と伝えられたが、1855年の安政江戸地震でも当初は10万人が死亡と過大に推定されたことから、大森は東京へいち早く戻れる船に乗船する前、オーストラリアの記者らに、この数字は大げさだろうと述べている。

　オーストラリアの記者はこの大森の発言に納得がいかなかった。メルボルンの新聞『ザ・エイジ（The Age）』の記者は、大森をはじめ日本の地震学者らがそれまで地震予測に最善を尽くしてきたことを認めつつ「日本における現在の惨状は、地震予測の悲劇的現状を示してもいる」と論評した[7]。

　揺れが始まったとき、大森の同僚でありライバルであった今村は東京帝国大学の地震研究所で机に向かっていた。今村は後にそのときの体験を次のように記した。

1923年9月1日東京大学（当時の東京帝国大学）で観察された地震動の記録で、関東大震災（大正関東地震）の主要動が記録されている。

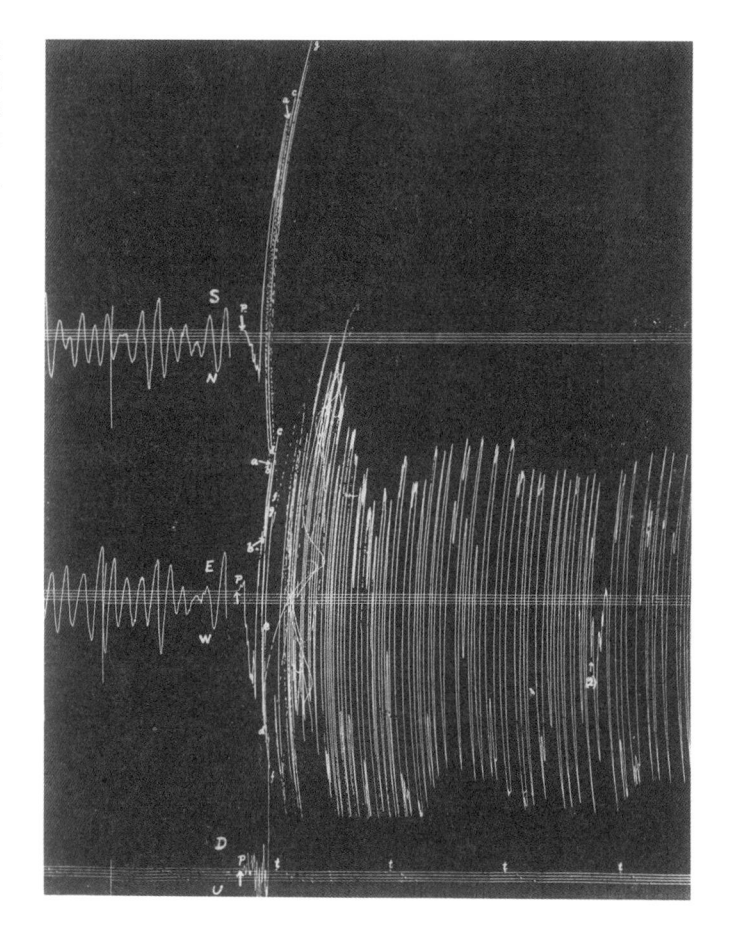

　　最初はずいぶんゆっくりした小さな揺れだったので、それほど大きな地震の前兆だとは思えなかった。いつも通り初期微動の継続時間を測定しはじめた。まもなく振動が大きくなり、揺れ始めから3秒か4秒で本当に極めて強い揺れを感じた。7秒か8秒経過し建物は激しく揺れたが、この動きはまだ主要動には入っていないと思った……揺れは一気に強度を増し、それから4秒か5秒後、揺れが最大になったと感じた。この頃になると屋根からは瓦が大きな音を立てながら雨のように降り、建物が倒れるのではないかと思った[8]。

この後すぐ研究所の地震計は揺れで倒れたが、今村が報告している初期微動はすでに記録されていた。大学の建物の壁も崩れ始めていた。今村と同僚らは、ユーイングやグレイ、ミルンらイギリスの先人たちの時代から半世紀にわたる地震記録を守るため、水もなく外部からの支援もないまま死にものぐるいで炎と格闘した。

　今村は無傷だった。運が良かったのか判断が良かったのかはともかく、1905年の予測が現実のものとなり今村には複雑な思いとともに充足感があった。地震の発生時期（50年以内という今村の予測した範囲に十分収まった）と災害の規模（10万人以上が火災で犠牲）だけでなく、その場所と震央が相模湾であることまで的中した。大森がオーストラリアへ出掛けていたこともあって、今村は政府の重要な助言者となり、世界の報道機関向けの主席スポークスマンとなっていた。大森がオーストラリアから帰国したときには、今村は被災した波止場で先輩同僚を出迎え、大森から謝罪の言葉を受け喜んだと伝えられている。

　一方の大森は脳腫瘍を患っていて、その頃の病状は芳しくな

1923年の関東大震災（大正関東地震）の震央、相模湾。

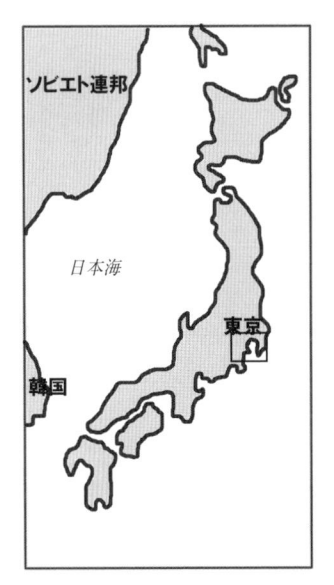

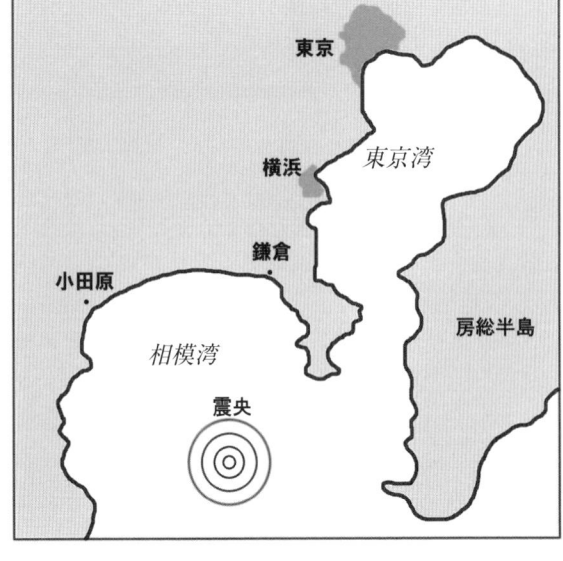

かった。結局震災から約 2 カ月後、まだ 55 歳で大森は東京の病院でこの世を去っている。それは「いままで通りにはいかなくなった研究と人生の終焉だった」とグレゴリー・クランシーは大森・今村論争についての説得力のある解説の中で述べている[9]。それはまた日本やアメリカ合衆国、イタリアなどあらゆる「地震国」で、その後 20 世紀を通し現在までも続く、地震予知をめぐる決着のつかない激しい論争の前兆でもあった。

　地震波は相模湾の海底下から放射状に広がり、最初に横浜を襲ったのが正確に午前 11 時 58 分だった。さらに震央から北東へ離れた東京を襲ったのは横浜の 44 秒後だった。1755 年のリスボンそして 1855 年の江戸と同じように、余震が数日間昼も夜もひっきりなしに続いた。東京帝国大学で今村は午前 11 時 58 分から午後 6 時にかけて 171 回の余震を検出し、9 月 1 日夜の 12 時までにさらに 51 回を数えた。

　横浜の時事新報の記者だった大島昇(おおしまのぼる)は運が良かった。11 時 58 分には新聞社にいた大島は「遠くで何かが爆発したような」音を聞いた[10]。次の瞬間、大島は座っていた椅子もろとも床からかなり上まで投げ上げられ、顔面から床へ叩きつけられた。新聞社の建物は激しく揺さぶられ、不吉にきしむ音がしたが、大島は何とか階段の上までたどり着いた。その瞬間階段から投げ出され、頭から転げ落ちた。「それでも即座に立ち上がってビルから飛び出すと、今度はコンクリートの歩道で、地震でできた深さ約 1m の割れ目に落ちてしまった」と大島は報告している。何とか立ち上がってあたりを見回すと、暗褐色になった空の下に埃と煙が渦巻き、見渡す限り家屋という家屋がすべて倒壊していた。「山手の外国人街からはすでに火の手が上がり、黒煙が立ち上がっていた。街頭の人々はみなたじたじとなっていた」。

　東京ではジャパンタイムズの記者ランドル・グールドが同じように九死に一生を得ていた。グールドが昼食のサンドイッチを食べようとしたとき、揺れが始まった。グールドによると「社のオフィスは大部分が破壊されたが、全壊したわけではなかった」[11]。グールドは自分のタイプライターをひっつかみ這(は)うようにして通りに出てみると、立っている建物はほとんどなかった。路面電車は線路上で止まっていた。赤坂離宮（現在の迎賓

館赤坂離宮）では、摂政宮裕仁親王が昼食を取っているところだったが、赤坂離宮は大重量のコンクリート基礎にボルトで固定されていたため、ほとんど被害はなかった。摂政の宮が広大な庭へ走り出ると、すでに東京は火の手が広がり、黒い煙が次々と上がっていた。火災はその後40時間以上続くことになる。

　何百年も繰り返し大火を経験してきた東京では、住民はすぐに空き地へと向かった。しかしそうした人たちを火の手が皇居の方へと押し戻した。後ろからは火の手が迫り、前には皇居を警備する武装警官が立ちはだかり、挟み撃ちとなった群衆は火から逃れるため皇居外苑（皇居前広場）へ逃げ込むしかなく、そこで数日間野宿することになる。他の群衆は隅田川の対岸まで行けば安全だろうと期待して東へ向かった。ところが永代橋は地震でほぼ完全に破壊され、水面から高いところに鉄製の橋桁が一本残っているだけだった。避難者たちに選択の余地はなく、一列縦隊になって橋桁の上を渡りはじめた。

　そして阿鼻叫喚の巷と化した。その後数週間にわたり『ジャパンタイムズ』に掲載された記事や目撃談から抜粋する。

　　壁のような炎が強風に煽られどんどん東へ走っていった。後方で人が炎に飲み込まれ始めると、永代橋に向かっていた群衆はパニックになり、前へ前へと押し寄せ、前方にいた者は押しつぶされ息もできなくなり、50人あるいは60人が頭から川に突き落とされた。

　　避難者は橋桁の上をアリのように這って進み、ずっと下方のおぞましい光景を見下ろした。何百もの人が川の中にいて、漂流物につかまっている者、溺れかけている者もいたが、多くはすでに死んでいた。ボートはひっきりなしに生存者を目一杯乗せては対岸へ渡していたが、川岸にはパニックになった人々が何千人も列をなしていて、絶望的な状態だった。

　　ある女性生存者が後に語ったところによると、彼女は群衆に押されて川へ落とされたが、なんとか川岸に繋いであったロープにつかまることができたという。その日の午後はとても長く感じられ、火災の熱はますます強くなり、焼け付くような熱風が顔を叩きつけるたびに水の中に潜っ

1923年9月、東京の火災旋風。徳永柳州作『旋風』。

ていた。川の中も次第に温かくなり、そのうちに恐ろしいほど熱くなっていた[12]。

　隅田川沿いの日本橋一帯では火勢は約220mの川幅を越え対岸まで飛び火した。汚い川に潜って生きのびた人たちもほとんど2日間飲まず食わずで、9月3日の朝になってやっと川から上がってみれば、炎に煽られた身体は黒ずんでいた。それでも運が良いほうだった。運河では多くの人が熱湯に浸かったまま亡くなっていったのである。

　しかし一カ所で最悪の被害となったのは、低所得階層の人たちが住む本所だった。1920年に一帯の人口は公式統計で25万6269人だったが、関東大震災後の1925年には20万7074人まで減少した（1940年までには再び27万3407人まで増加した）。1923年9月1日本所の住民のうち約4万人が火災旋風に飲み込まれ死亡した。東京では現在も追悼の法要が営まれている。

　本所では被災者たちを数少ない空き地のひとつに避難させていた。しかも誰もが非常に燃えやすい家具や荷物を持ち出して

1923年9月1日、関東大震災に続き大火が発生し、路面電車の軌道に避難する東京の住民。

きていた。その 6ha の空き地は、少し前まで陸軍被服廠(しょう)があり、震災当時は東京府が公園の造成を始めたところだった。しかしこの空き地では狭すぎた。その頃火の手は複数の方向からその空き地にどんどん迫り、絶叫する避難者たちを易々と囲い込んだ。『東京、物語の都市（Tokyo: City of Stories）』でポール・ウェーリーは日が暮れてからの惨憺(さんたん)たる光景を描写している。

強烈な突風が炎の壁に吹きつけ、いくつもの旋風が次々と生じ、人々は空中に吸い上げられては火だるまのようになって叩き落とされた。公園全体が地獄の業火と化し、その高熱によって鋼鉄は曲がり金属は溶けた。公園へ逃げ込んだ避難者ほぼ全員が焼死したが、何もかもが焼け落ちてしまうほどの大惨事だったため、その後死者の数すら確認できなかった[13]。

　九死に一生を得た中に東海銀行頭取の長男がいた。父親の吉田源次郎は家族全員を連れてかつて陸軍被服廠があった避難所へ向かった。しかし奇跡的に助かった源次郎の長男を除き全員が死亡した。長男は火炎旋風に吹き飛ばされ、落ちた側溝の中で何とか火の手から身を守ることができたのだった。

　黒澤明が13歳のときに兄に連れられ、焦土と化した一帯を呆然として歩いたことを回想し、70歳になってから自伝で述べているように、東京の下町には死体が散乱していた。有名なモダニズム小説家、芥川龍之介（黒澤が映画『羅生門』のもとにしたふたつの物語の原作者）も1923年9月の被災現場を観察し2、3年後に自伝的短編小説『或阿呆の一生』を書いた。ここで芥川は自らを東京の遊郭、吉原にある池の様子を見にやってきた「彼」として（3人称で）表現している。その池では何百人もの男と女が、女は主に遊女であったが、泥の大釜で煮殺されたようなありさまだった。

　　それはどこか熟し切った杏（あんず）の匂いに近いものだった。彼は焼けあとを歩きながら、かすかにこの匂を感じ、炎天に腐った死骸の匂も存外悪くないと思ったりした。が、死骸の重なり重（かさな）った池の前に立って見ると、「酸鼻（さんび）」と云う言葉も感覚的に決して誇張でないことを発見した。殊に彼を動かしたのは十二三歳の子供の死骸だった。彼はこの死骸を眺め、何か羨ましさに近いものを感じた。「神々に愛せらるるものは夭折（えうせつ）す」——こう云う言葉なども思い出した。彼の姉や異母弟はいずれも家を焼かれていた。しかし彼の姉の夫は偽証罪を犯した為に執行猶予中の体だつた。……

「誰も彼も死んでしまえば善い」
　彼は焼け跡に佇んだまま、しみじみこう思わずにいられなかった[14]。

(『或阿呆の一生』)

　この短編が発表されたのは芥川の死後だった。よく知られているように芥川は1927年に大量のバルビツール酸系催眠薬を飲み自殺した。芥川に付き添って東京の廃墟を歩いた親友で作家の川端康成は、吉原の池に浮かぶむごたらしい死体を見て、芥川は「美しく死ぬ」決意をしたものと確信した[15]。
　川端は繊細な筆致の作家で、日本初のノーベル文学賞を受賞している。1920年代にこの地震に触発された小説を執筆している。『掌の小説』という川端の短編小説集に収められた「金銭の道」だ。小説の冒頭に「大正十三年九月一日のこと」とある。物語が展開するのは本所の陸軍被服廠跡地だ。
「その日、被服廠跡へは勅使が立った」と川端は書いている。

　總理大臣や内務大臣や東京市長が祭場で弔辞を読んだ。外国の大使達が花環を送った。
　　十一時五十八分にあらゆる交通機関は、一分間車輪を止め、全市民が黙禱した。
　　横浜あたりからも集まって来た蒸氣船は、隅田川のここかしこから被服廠岸へ往復した。自動車会社は先きを争って被服廠前へ出張した。各宗教団体や、赤十字病院や、キリスト教女学校は、式場へ救護班を設けた。
　　絵葉書屋は浮浪人を狩り集めて、地震の惨死体の写真の密売隊を派遣した。映画会社の技師が高い三脚を持ち歩いた。両替屋が竝んで、參詣人の銀貨を賽銭の銅貨に替へた[16]。

(「金銭の道」)

　賢い乞食の浮浪者ケンは、やはり貧しい乞食でケンより年上の名は明らかでない「婆さん」を連れて追悼する群衆に混じった。その婆さんの家族は被服廠で全員焼死した。婆さんは死んだ娘の弔いに紅い櫛を供えるつもりだった。ケンはボロボロの兵隊靴を片方脱ぎ、理由も言わず婆さんに渡し、ふたりは片

方の足は裸足で片方は兵隊靴という格好でジリジリと前へ進んだ。

　花環や樒の供花が花やかな林のように大きく見え出すと、突然素足が冷たい。銭だ。（中略）納骨堂の前の白木綿は金銭の丘だ。動けない群衆がその前に行き着くのを待ち兼ねて投げる金銭、それが雹のやうにばらばらと頭へ降った。（中略）左足の指で忙しく銭を拾っては、右足の大きい靴へ落とし込んだ。金銭の冷たい道は納骨堂へ近づく程厚くなっている。人々はもう土の一寸も上を歩いていた。
　重い靴を引きずって、大川の寂しい河岸まで落ちのびて来た。

ふたりが人気のない隅田川の堤防で並んで腰を下ろしていたときだった。婆さんは紅い櫛を供えてくるのを忘れたことを思い出す。靴いっぱいになった銭をあけると、婆さんは代わりに紅い櫛を入れその靴を櫛と一緒に大川へ投げた。

　ずぼずぼと沈んだ靴の中から紅い櫛が浮き上って、静かに大川を流れて行った。

　現在の東京に時代を戻してみれば、かつて本所の被服廠があった場所は公園になっている。公園中央で樹木に囲まれ、ひっきりなしの交通騒音から閉ざされた場所にあるのが、大火の犠牲者を追悼する慰霊堂だ。慰霊堂に隣接して復興記念館があり、その周囲には奇妙にねじれた彫像のようなものがある。近づいてみるとわかるのだが、それはモダンアート作品などではなく、かつてのプレス機やエンジンなど金属製の機械類で、1923年の火災旋風の熱で溶けたものだ。
　関東大震災の歴史的重要性については、1855年の安政江戸地震の場合もそうだが、様々な見方ができる。経済的には、この地震による損失は日本の名目GNPの40％に及んだ。1926年内務省による報告書『大正震災志』には「殆ど帝都を廃墟となし、帝国の關門たる横濱を擧げて灰燼と化し……大禍難にし

て、國運の伸暢は爲に一時頓挫したるやの觀あり」と記された[17]。しかしこの報告書が出てからわずか4年後の1930年、当局は東京が復興したことを発表する。それも束の間、1945年に今度はアメリカの焼夷弾空爆により東京はまたしても焼け野原となってしまう。

　1930年から1945年にかけては、周知の通り大恐慌があり、満洲そして中国全土で日本政府の軍事的冒険主義があり、最終的に第二次世界大戦に突入する。関東大震災による大規模な破壊と、1941年の日本の最終的な宣戦布告の間に因果関係を仮定することも可能だ。しかしその関係性を立証することは難しい。1990年代初めに2冊の重要な書籍の初版が出版され、地

関東大震災からちょうど1年たった1924年9月1日、東京の本所陸軍被服廠跡地で大火の犠牲となった人々を追悼する法要が営まれた。

東京の本所陸軍被服廠跡地には1924年、大火による犠牲者の納骨堂が建てられた。

震の長期的影響について各々異なる評価をしている。

　ジャーナリストで東京を熟知するピーター・ハッドフィールドは「将来の東京地震」をテーマにした『東京は60秒で崩壊する！』で単刀直入に、かつての日本は東京復興により財政危機に陥り、大恐慌がそれに追い打ちを掛け、その結果軍部による政権掌握を許すことになったと論じる。そのうえでハッド

歓楽街であった東京の浅草公園六区は1923年の関東大地震で廃墟と化した。

1923年9月、東京。山本内閣は余震を恐れて首相官邸の屋外で閣議を開いた。

　フィールドは「これほど世界の動きに決定的かつ強力な影響を与えた地震は、歴史上でもめったにない」と述べている[18]。これとは対照的なのが研究者のエドワード・サイデンステッカーで、『立ちあがる東京：廃墟、復興、そして喧噪の都市へ』でこの地震の影響をもっと複雑に捉えている。関東大震災で生じた債務が1927年の昭和金融恐慌の引き金を引き、その結果内閣が総辞職すると、首相には中国での強硬な干渉政策を唱道する陸軍大将が任命された。しかしながらサイデンステッカーはこのことと、その後の日本社会の軍事化との繋がりについては「もし金融恐慌が起きなければ、1930年代の反動はあったのかそれともなかったのか、それは誰にもわからない」[19]と異議を唱えている。

　日本文学の研究者、翻訳者として最もよく知られるサイデンステッカーは、地震の政治的影響よりも、文化面での影響の可能性に注目していた。震災前までなら、東京の百貨店に入るとき、客は無意識のうちに履き物を脱いで特別に用意されたスリッパに履き替えていた。それが震災後には履き物を脱がずにそのまま百貨店に入っていくようになっていた。つまり震災以降、日本の百貨店でもニューヨークやロンドンの百貨店と同じように出入りするようになったのである。同時に震災後、すで

に働きに出るようになっていた多くの日本女性が、百貨店の食堂で食事をするようになった。震災前までは女性が公衆の面前で食事をするなど行儀が悪いと思われていたのである。そして特に日本人が4コマ漫画や劇画に熱中するようになるのも関東大震災直後からのことだ。あの日本独特の美術表現様式である「鯰絵」が安政江戸地震をきっかけとして生まれたことは間違いないとすれば、1923年の地震の後にも似たような文化的現象が生じてもおかしくはないだろう。世界を揺るがすほどとは言わないまでも、妙に好奇心を掻きたてられる現象である。

ロサンゼルスの近郊ロング・ビーチにあるジョン・ミューア・スクール。1933年ロング・ピーチ地震によって被害を受けた。

第5章　地震の測定

　一般的に地震の規模は、大きな地震であれば続いて起きることの多い津波や火災も含めて、その犠牲者数や負傷者数そして家を失った人の数、また土地やインフラ、家屋にもたらされた被害のタイプ（亀裂、ひび割れ、倒壊など）から判断できる。1923年の東京と横浜、1857年のナポリ近郊、1755年のリスボン、その他多くの場所で発生した大地震からそのことが確認できた。しかし科学的に地震を測定するには原理的に3つの要素が必要になる。地震の震度、マグニチュードそして震央の位置だ。これら3要素の測定については、そう厳密にではないが本書でもこれまでに何度も登場している。本章では地震の測定について詳しく説明し、さらに20世紀の間に地震測定がどのように発展してきたかを見てゆく。

　だが最初に、地震の震度とマグニチュードにまつわる逸話を紹介しよう。世界で最も有名な地震学者、アメリカ人のチャールズ・リヒターがそのキャリアの一歩を踏み出した矢先、1933年にロサンゼルス近郊のロング・ビーチを地震が襲った。震央はロング・ビーチ南東の沖合であり、1920年に同定されたニューポート＝イングルウッド断層にあたる。マグニチュードという概念がリヒター・スケールとして知られるようになるのは、この地震の後まもなくのことだ。

　ロング・ビーチ地震のマグニチュードは6.4と推定され、死者120人、被害総額は大恐慌時代当時の金額で5000万ドル、いい加減な工事が施された学校もいくつか崩壊した。幸いにして発生したのが3月10日の午後6時少し前と午後も遅い時間で、何百人もの生徒らは無事だった。もう少し発生が早ければ間違いなく犠牲になっていただろう。それから1カ月もたたないうちに、カリフォルニア州では公立学校の設計と建築に関す

る厳しい規制が導入され、その後カリフォルニアで広範に適用されるようになる耐震基準のさきがけとなった。

　あのアインシュタインもこの地震を体験したひとりだった。当時アインシュタインはロング・ビーチから50kmほど離れたパサデナのカリフォルニア工科大学（カルテク）で客員教授を務めていた。1933年にはカルテクは地震学の中核をになう存在になっていた。午後6時少し前、アインシュタインは物理学のゼミナールが終わり、カルテクの優れた地震学者でやはりアメリカに亡命したドイツ系ユダヤ人ベノー・グーテンベルク（1889-1960）と、主に地震の話をしながらキャンパス内を散歩しているところだった。もうひとりの教授がふたりに近づいてきて「いやあ、かなりの地震でしたね？」と尋ねると、ふたりは「地震なんてありました？」と答えた[1]。話に夢中で、周囲の木の枝や電線が揺れているのに気がつかなかったのだ。

　ふたりのために公正を期すなら、アインシュタインとグーテンベルクが歩いていたパサデナは、より震央に近いロング・ビーチと比較すれば、確かに揺れは小さかった。そうこうしているうちにグーテンベルクは地震研究所に着き、年下の同僚リヒターにそのときの様子をおもしろおかしく話して聞かせた。その晩遅くなってリヒターが自宅に戻ると、リヒターの妻は地震のとき「床が変な動きをしたせいで、ネコが床に向かってフゥーッと唸ったのよ」と話した[2]。リヒターはこの頃からマグニチュード・スケールを工夫して使い始めていた。

　木の枝や電線が揺れること、またネコをはじめ多くの動物たちがいつもとは違う行動をとることも、「改正メルカリ震度階級」などの震度階級に示された他の指標と同様、震度の一般的な目安となるだろう。しかし木の枝やネコの行動などによる判断は主観的で、観察者の注意深さや訓練の有無に依存してしまう。

　一方地震のマグニチュードは、地震動記録に示される揺れの最大振幅や断層破壊の長さといった客観的に測定できる量で定義される。さらにマグニチュードは震度とは違い、震央からの距離とは無関係になるように科学的に定義されている。マグニチュードはたとえるなら、爆弾の影響や爆発の強度ではなく、火薬の量にあたる。またリヒターが好んだたとえで言うなら、

マグニチュードはラジオ局の送信出力（kw で測定される）にあたり、震度の方はリスナーに届くラジオ局の信号の強さで、信号の強さはリスナーの周囲の地形条件と、ラジオ局からリスナーまでのラジオ波の伝搬経路に依存する。基本的にマグニチュードはひとつの地震にひとつの値が対応する。しかし震度の場合はひとつの地震でも、場所によって様々な値になる。

要するに一般の人にとってマグニチュードは震度より難しい概念だ。また現在では、1930 年代にリヒターが開発した初期のスケールだけでなく、多様なスケールが定義されていて、様々

地震学者チャールズ・リヒター（1900-1985）、1925 年頃の写真。

な方法で測定されている。

　元ロサンゼルス・タイムズの記者でピュリッツァー賞を受賞したフィリップ・フラドキンは「マグニチュードという概念は、大多数の地震学者と一般大衆との間での適切なコミュニケーションを難しくしている典型的な概念だ」と「サンアンドレアス断層沿いの地震と生活」をテーマにした著書で愚痴をこぼしている[3]。だからこそフラドキンはその著書ではできる限りマグにチュードを使わないことに決めていた。ところが刊行された書籍のタイトルはといえば、おそらく出版社の意向なのだろうが『マグニチュード8（Magnitude 8）』である。

　現在では新聞記事でも、カリフォルニアだけでなくどこで起きた地震であれ、そのマグニチュードが示されなければまっとうな地震記事とは見なされなくなっている。

　マグニチュードを理解するには、まず地震波について知っておく必要がある。ミッチェルがリスボン地震の後で最初に気付いたように（47、53ページ参照）、地震波には基本的な波が2種類ある。「実体波」は地下にある震源から震源の鉛直上方にあたる地表点（震央）へ伝搬する波で、「表面波」は地表に到達したいくつかの実体波が変化することで生じる。実体波には「第1波」（P波）と「第2波」（S波）がある。表面波には重要な波として「ラヴ波」と「レイリー波」という2種類がある。それぞれ数学者A・E・H・ラヴと物理学者ジョン・ウィリアム・ストラットつまりレイリー卿に因んだ名称で、これらふたつの表面波の存在は各々ラヴとレイリー卿によって1911年、1885年に明らかにされた。

　P波は伝搬が最も速く秒速6.5kmに達する。たとえばアラスカからハワイまでP波は約7分で伝搬するが、津波なら5時間かかる。従って地震で最初に感じる揺れはP波による揺れということになる。P波は、音波のような粗密波（縦波）なので、波の進行方向と平行に岩石や液体に密の部分と疎の部分を交互につくる。

　地表に到達すると、地面そして地震計を基本的に鉛直方向に動かす。地面の最初の動きは上向きか下向きとなり、その方向は震源となる断層の動く方向によって決まる。P波が地表に到達すると空気も振動させるため、大きい地震のときには特急列

地震によって生じる実体波と表面波。

実体波

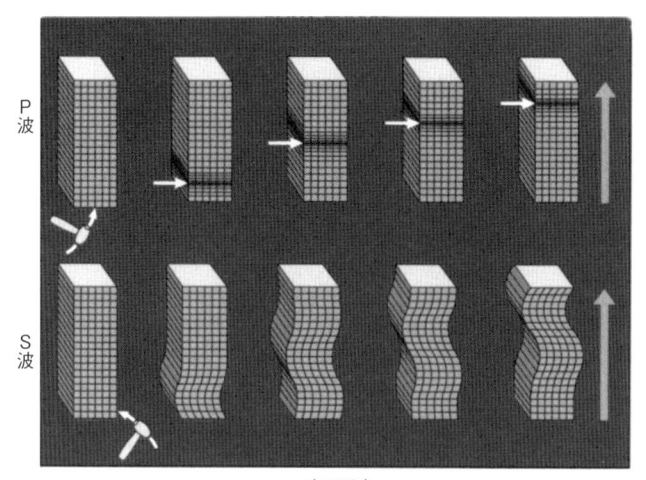

P波

S波

表面波

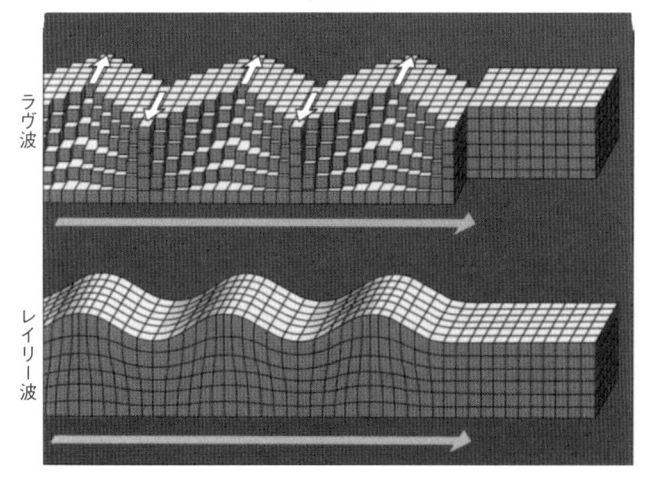

ラヴ波

レイリー波

車のような轟音が聞こえることもある。

　対照的にS波はラジオ波のような剪断波（横波）で、速度が遅く液体中は伝搬できない（従って海上の船舶では地震のP波は検出できるがS波は検出できない）。S波は地面を鉛直方向にも水平方向にも揺らし、建物は水平方向の揺れに弱いためP波よりずっと大きな破壊をもたらす。地震学者今村明恒による関東大震災の初期の揺れについての説明を思い返してみる

第 5 章　地震の測定　　99

と、最初に到着したと今村が報告したのがＰ波で、東京帝国大学の研究所を破壊したのは、わずかに遅れて到達したＳ波だったのである。たいていの地震で鉱山労働者は地上の人々より揺れをそれほど感じないものだが、それは地下にいると揺れはＰ波、Ｓ波によるものだけで、表面波による揺れは生じないからだ。

　地震で発生したＰ波とＳ波の到達時刻差を地震計から読み取れば、その値から震央の位置が計算できる。三角法を利用して算出するので、原理的には異なる場所、できれば震央のまわりに一様に分布する３つ以上の地震計の地震動記録が必要になる。

　しかし実際に震央を計算するとなるとそう易々とはいかない。そこで地震観測所から得られる数十件のレポートから、高性能の計算機の力を借りて、震央を突きとめることになる。イギリスの国際地震センター（International Seismological Centre）は、もともと20世紀初めにジョン・ミルンがワイト島の自宅で地震観測のネットワークを組織し、地震観測を始めたことから発展した研究所だが、ここでは世界中に置かれた60以上の地震観測所から送られるデータを利用し、たとえば大西洋海底にある大西洋中央海嶺で起きた中程度の地震などの震央を特定している。

　簡単に言えば、この方法は、地震計が震央から遠いほど、速いＰ波と遅いＳ波の到達時刻の差が大きくなることを利用している。正確には到達時刻の差は地震波が伝搬する岩石の種類にも依存する。そこで過去何千件もの地震データをもとに到達時刻の差の平均値を利用する。地震学者は、地震計から任意の距離にある震源からのＰ波とＳ波の平均到達時刻を示すデータを表やグラフにまとめてきた。観測された地震のＰ波とＳ波の到達時刻をこの平均到達時間の表やグラフと比較し、地震計と震央（厳密に言えば震源）との距離を読み取るのである。

　三角法で実際の震央を求めるには、３つの地震計から震央までの距離を推定し、図形的に言えば、３つの地震計の位置を中心として、各地震計から震央までの推定距離を半径とする３つの円を描く（現在はコンピュータで計算しているが）。３つの円周の交点、実際には３つの円弧で囲まれた範囲に震央が存在

1975年にカリフォルニアで発生した地震の震央を算出する概念図。ブルース・A・ボルト著『地震』より。

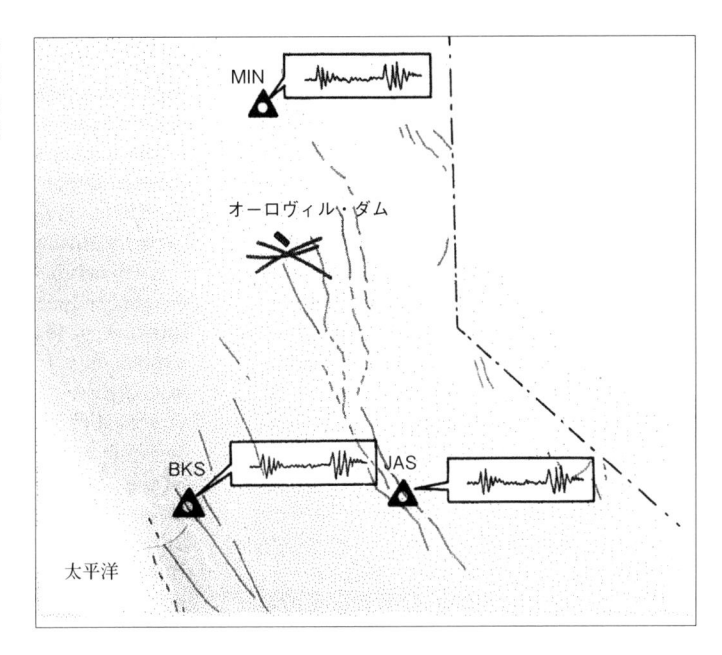

MIN

オーロヴィル・ダム

BKS　　　　　　JAS

太平洋

することになる。

　ブルース・A・ボルト（1930-2005）はカリフォルニア大学バークレー校の地震観測所元所長で、著書『地震』で震央特定の実例を示している。

　1975年8月1日、マグニチュード5.7の地震がカリフォルニア北東部で記録された。そのP波はバークレー地震観測所（BKS）に15時46分4.5秒に到達し、S波は15時46分25.5秒だった。その時間差（S波の到達時刻－P波の到達時刻）は21.0秒なので、震央までの推定距離は190kmとなる。カリフォルニアにある他の2カ所の地震観測所では、S波とP波の到達時刻の差がそれぞれ20.4秒（JASジェームズタウン観測所）と12.9秒（MINミネラル観測所）だったので、観測所から震央までの距離はそれぞれ188kmと105kmとなる。バークレー観測所（半径190km）、ジェームズタウン観測所（半径188km）、ミネラル観測所（半径105km）を中心とし、それぞれの推定距離の半径で3つの円弧を描けば、それらが交差するのは、オーロヴィルの街近郊にあたる。推定震央は北緯39.5度西経121.5度で誤差は10km前後だ。（震源の深さを知るには、さらにデー

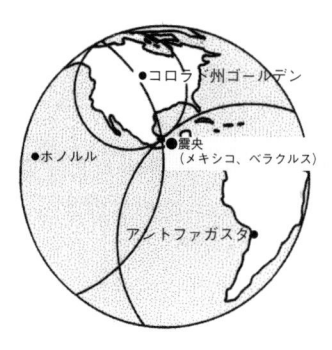

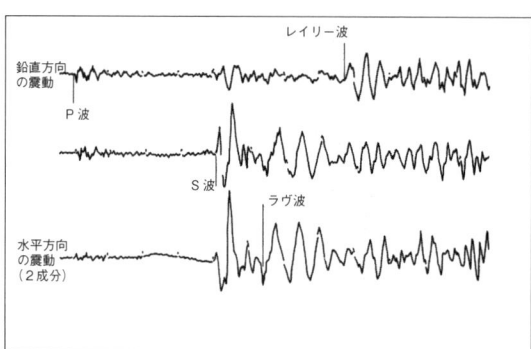

タが必要になる)。

　ボルトはもうひとつ海外の地震での震央計算例を挙げている。マグニチュードは5.5、1967年3月11日メキシコのベラクルス近くを震央とする地震だ。震央の計算に使った観測所はアントファガスタ（チリ）、ホノルル（ハワイ州）、ゴールデン（コロラド州）。ゴールデンの米国地質調査所の地震計には3つの地震動記録が並んで記録されている。一番上の地震動は地震計の鉛直方向の動きを示している。中央と一番下の地震動は（互いに直角に交差する）水平方向の動きが示されている。最初にP波が到達し、続いて4秒後に最初のS波が到達している。さらに遅れてラヴ波とレイリー波が到達していることがわかる。

　アントファガスタ、ホノルル、ゴールデンの他にも様々な地震観測所から得られた地震動記録の情報を組み合わせることで、科学者は震央を北緯19.10度西経95.80度、ベラクルスのわずかに東の海上、震源の深さは33kmと算出した。ベラクルスでは3名の負傷者と家屋に若干の損壊が見られた。

　P波とS波のデータを提供する観測所の数は多ければ多いほどいい。ボルトの言葉を借りれば、

　　遠い地震の震源の決定と地震波の測定を正確にするには、地震観測所を連携させることで可能になる。このようなネットワークを構成するには観測所間を電線で繋いでもいいし、数多くの遠方の地震計どうしで連携を取る場合は、正確な時計や電波受信機（できればGPS　全地球測位システム）を設置し、地震の記録と同時にグリニッジ標準時

1967年にメキシコで発生した地震の震央の計算。

を印字できるようにする。こうして共通の時間基準を設定しておけば、ある地域の一群の地震記録装置を地震観測網として利用できるようになる。こうした観測網の大きな利点は、隣接する地震観測所から得られる地震波の変位が高い精度で相関していることだ。この変位量の勾配は、理論公式によって地震波の伝搬経路と直接関連づけることができる[4]。

　最初の国際的な地震観測ネットワークが登場するのは、冷戦最中の1960年代中頃で、1963年に部分的核実験禁止条約が締結されてから核実験は地下に限定されたため、地下核実験を監視するために立ち上げられた。たとえばアメリカ合衆国政府国防省は「世界標準地震計観測網」(World Wide Standardized Seismographic Network)を構築し、1967年に実質的な完成を見た。この地震計ネットワークは大規模な核爆発の位置と大きさの測定には有効だったが、小規模な核実験と自然発生する地震とを区別することは難しかった。しかし軍には核実験をきっかり正時に実施する傾向があったことが、地震学者には救いとなった。
　さていよいよ震央や震度より複雑な概念であるマグニチュードの測定の話になるが、地震の規模を決定しようとしていた20世紀の地震学者が直面していた問題は、各々の地震に単一の数値を対応づけられる地震の尺度を開発することだった。震度階級では、震央からの距離によって観測者が得る数値はまちまちになってしまう。ひとつの地震にその規模を表現する数値がひとつだけ与えられることになれば、異なる地震の規模を比較できるようになる。
　1932年、リヒターは南カリフォルニアの中規模地震に対して、地震の規模をひとつの数値で表現できる経験則を発見した。そのときリヒターが測定に使ったのは、勤めていたカルテクの特殊な地震計「ウッド＝アンダーソン地震計」だった。ふたりのアメリカの地震学者が1925年に発明した地震計だ。リヒターの経験則は、S波とP波の到達時刻の差から求まる地震計と震央の距離（kmの単位で測定）と、地震動記録に記される地盤の動きの最大振幅とを関連づけるもので、この最大振幅は

S波の最大振幅（1000分の1mm単位で測定）として与えられる。もちろん地震計が震央から離れるほど最大振幅は小さくなる。そして南カリフォルニアの中程度の地震の場合、震央からの距離と揺れの最大振幅が反比例する。

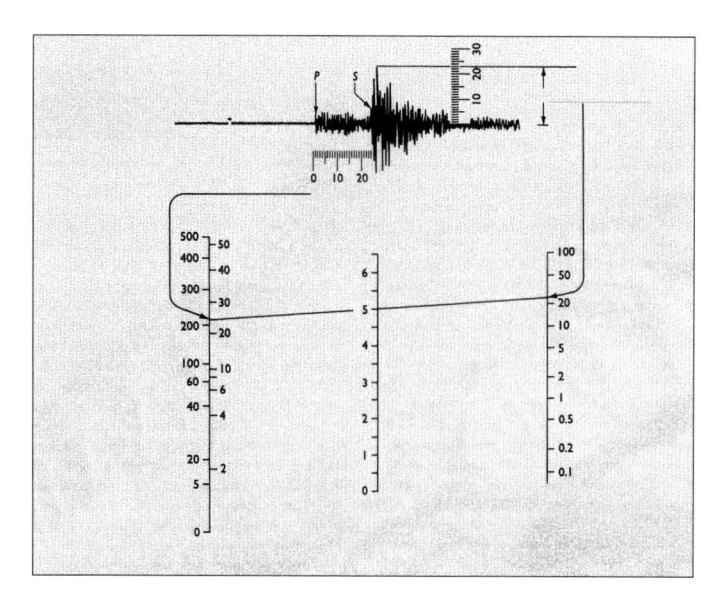

　地震の規模は地震計から読み取った値をそのまま使って表現したのでは値の幅があまりに大きすぎて実用的でないので、リヒターは最大振幅を底を10とする対数（常用対数）をとってこの値の幅を圧縮した。1mmの1000分の10（10μm）の振幅はこの対数で表現すると「1」となり、1mmの1000分の100（100μm）なら「2」、1mmの1000分の1000（つまり1mm、1000μm）なら「3」、1mmの1000分の10000（つまり10mmすなわち1cm、10000μm）ならその対数は「4」、もっと振幅の大きい大規模な地震でも同程度の数値で表現できる。さらに標準距離を震央から100kmと定義し、震央から100km離れたウッド＝アンダーソン地震計による地震波の最大振幅が10mm（10000μm）だったとき、その地震の規模をマグニチュード4と定義した。もし最大振幅は変わらず10mm（10000μm）のままとして、地震計が震央から200km離れていた場合は、マグニチュードの値は約4.5に増加し、逆にわずか20kmしか

地震のリヒター・マグニチュードの産出法。この場合マグニチュードは「5」（ブルース・A・ボルト著『地震』より）。

離れていなければ、マグニチュードの値は約 2.7 に減少する。

　また、地震計と震央との距離は標準距離 100km で、地震波の最大振幅が 100mm（1mm の 1000 分の 100000, 100000 μ m）だったとすれば、先の例より最大振幅が 10 倍になったわけで、このときのマグニチュードは「5」となる。つまりリヒター・スケールは最大振幅に関して線形ではない。地震のマグニチュードが「1」増えたとき、揺れの振幅は「10 倍」という関係になる。

　つまりマグニチュード 8 の地震は、マグニチュード 7 の地震の 10 倍地盤が揺れ、マグニチュード 6 の地震の 100 倍揺れる。しかし、たまたま震央が人口密集地域と重なれば、マグニチュード 6 の地震の方がマグニチュード 8 の地震より被害が大きくなる場合もある。

　実はリヒター・スケールは、その物理的意味が明瞭とはいえない。実際アメリカ一流のネイチャー・ライター、ジョン・マクフィー（1931-）も『カリフォルニアの組み立て方（Assembling California）』で「このスケールが機能する仕組みがわからない」と告白している。「リヒターはカルテクの教授だった。リヒター・スケールは……カルテクの教授陣なら理解できても、一般の人々の間でこのスケールを理解できる人は数字で表せないほど少ない」[5]。そのことはリヒター自身も認めつつ「まだにわか仕立てで大雑把だが……このマグニチュード・スケールの最も注目すべき特徴は、とにかくうまく機能することにある」と述べている[6]。

　リヒター・スケールは、採用され始めた頃から多少なりとも論争含みだった。1935 年に米国の権威ある地震学学術誌に初めてリヒター・スケールが登場したとき、このスケールの発明はリヒターひとりによるものとして発表された。多くの発明にはつきものだが、まもなくその出自が論争となった。このスケールを発明した当時、リヒターは優秀な同僚でスケールを対数で表現することを提案していたグーテンベルク（アインシュタインの友人）と親しく研究をしていた。

　一方もうひとりのカルテクの同僚ハリー・ウッドはウッド＝アンダーソン地震計の発明者のひとりで、新しい尺度が「震度」とは異なる概念であることをはっきりさせるため「マグニ

チュード」という用語をあてるのが適当であると提案し、ウッド自身はそのアイデアを天文学者が星の明るさを記述するために使っている光度階級（等級）から借用していた。さらに1931年に日本の地震学者和達清夫（1902-1995）が発表した論文には、すでに最大震度と、震央と地震計間の距離を関連づける方法が示されていたが、和達自身はさらに進んで地震の規模を表す尺度の開発まではしなかった。

リヒターは論文で率直にこれらのアメリカ人と日本人研究者による貢献を認めてはいるものの、地球物理学者スーザン・ハウが自著であるリヒターの伝記で指摘するように「リヒター・スケールは独自のものという思いがあった」。それはリヒターが確かに地震を測定しその規模を計算することに底知れぬ努力を傾けていたからでもある[7]。

マグニチュード・スケールの単一発明者だというリヒターの主張をハウは支持するが、「グーテンベルク＝リヒター・スケール」を正しい名称とすべきだとする多くの地震学者の見方についても無視することなく公平に議論している。この点はいまだにデリケートな問題で、『ブリタニカ大百科事典（Encyclopaedia Britannica）』では「リヒター・スケール」の発明をグーテンベルクとリヒターによるとしている。

しかし、より重要なのは、もともとリヒター・スケールは世界中のどこのどんな規模の地震でも普遍的に適用できる尺度ではなかったということである。

まず第1に、ウッド＝アンダーソン地震計という特定の地震計に依存しており、しかも南カリフォルニア特有の地震条件のもとで機能するものだった。そのウッド＝アンダーソン地震計も、今では、大きな地震に特有の非常に低い周波数にも反応する地震計に取って代わられている。

第2に、リヒター・スケールが適切に機能するのはマグニチュード5.5以下の地震に限られていたことだ。マグニチュードがこれ以上大きな値になると、リヒター・マグニチュードは飽和してしまい、地震の規模に応じてマグニチュードの数値が増加しなくなってしまうのである。

そして第3に、リヒター・マグニチュードは記録されたS波の最大振幅にのみ基づくため、振幅のピークは同じでも、揺れ

の継続時間が短い地震と長い地震を区別できない。

　とはいうものの、改良が重ねられて利用されている他のマグニチュード・スケールにも限界があり、一方で「現在利用されているマグニチュード・スケールの起源をたどれば、すべてチャールズ・リヒターの尺度にまっすぐ行き着く」とハウは言う[8]。また、1902年に発明された最初のメルカリ震度階級が1931年に修正されたときのように（59ページ参照）、「改正リヒター・スケール」という包括語を採用しておくべきだった、というのがハウの見解だ。50年経ってみれば一世を風靡した「リヒター・マグニチュード」も、現在では学術誌に限らずニュースなどの地震報道でも一般的に単に「マグニチュード」と言われるようになっている。

　今日優勢なマグニチュード・スケールは専門的には「モーメント・マグニチュード」スケールとして知られる。「断層運動の地震モーメント」と、リヒター・スケールのように、対数を使って表現したもので、やはり地震モーメントに対して線形ではない。この「地震モーメント」を数学を使わずに定義するのは難しいが、地震により放出される総エネルギー量に関係する物理量だ。

　モーメント・マグニチュード6の地震が放出するエネルギーは、モーメント・マグニチュード5の地震の約32倍で、モーメント・マグニチュード4の地震のほぼ1000倍（32^2）になる。記録された地震のうち最も強大だったのが1960年にチリで起きた地震で、モーメント・マグニチュードは9.5、この1回の地震が放出したエネルギーは、20世紀の初めから地球上で放出された全地震エネルギー（2004年のスマトラ島沖地震も含む）の4分の1に相当し、1945年に広島に投下された原子爆弾が放出したエネルギーの2万倍以上になる。

　チリの海岸線沿いを走る断層を1000kmにわたって破壊したこの1960年の地震は、あまりに強力で「地球そのものを傾ける」ほどだったため、リヒター・マグニチュードでは適切に表現できなかった。そこでカルテクの金森博雄（1936-）ら地震学者は、巨大な地震でも値が飽和しないように新たにモーメント・マグニチュード・スケールを開発せざるを得なくなったのである[9]。

　地震モーメントとモーメント・マグニチュードがリヒター・

マグニチュードより優れているのは、野外地質学者が断層の形状を調査することによっても、また地震学者が地震動記録を分析することによっても概算できる点にある。地震モーメントは断層の「剛性率」に震源の「断層面の面積」と「断層の平均ずれ量」を掛け合わせた量として定義され、これら３つの量はすべて原理的に測定可能だ。一方でリヒター・マグニチュードの公式にこれらの量は含まれず、震央から地震計までの距離と地震動記録の最大振幅だけで定義され、断層構造については一切考慮されていない。地震学者のセス・スタインは次のように解説する。

> 断層の剛性つまり強さについては地震の調査と岩石の実験から十分把握できる。断層の面積は地震動記録から推定できる。さらに大きな本震の後に生じる小規模な地震つまり余震の位置を見ることでもこの面積が推定できる。余震は断層面上かその近辺にあるため、余震をプロットすれば動いた断層の面積がわかるのだ。測定された地震モーメントを剛性率と断層面積で割れば、断層がずれた長さがわかる。地震で地表が破壊されていれば、これらの値は破壊された地面の長さと変位量を測定することで確認できる[10]。

モーメント・マグニチュードは過去のマグニチュード・スケールとおおよそ一致するのだが、その導入によって歴史上の地震の中には規模が小さく評価されるものも出てきた。たとえば1906年のサン・フランシスコ地震は、かつてマグニチュード8.3と推定されたが、今では約7.8と評価されている。しかし単一のマグニチュード・スケールをことさら信頼するのは賢明でない、とスタインは注意を喚起している。2004年のスマトラ島沖地震の後で、スタインと同僚のエミール・オカールは、この地震をマグニチュード9.0から9.3に上げている。このことでふたりは世界中のメディアの関心を集めることになった。

しかし、スタインは「この数字自体が重要なのではない。ずれた面積が当初考えていたよりも３倍も大きかったという事実が重要なのだ」と言う。スマトラ付近の長さ約1200km、幅約200kmにわたる範囲、カリフォルニア州全体に匹敵する驚異的

な広さにわたって、地面が約10ｍすべったことが判明したのだ。「断層のこの部分はすべったばかりなので、この断層が今回のように20万人以上の犠牲者を出すような津波を再び起こすのは数百年後になるだろう」[11]。

　これらの数字なら対数で表現された最大値が10までのマグニチュードより、巨大地震の信じられないほどのパワーが大衆にも直観的に伝わる。マグニチュードは科学者にとって有用な数値ということになるのだろう。そこで地震学者の中には専門家以外の人々にも馴染みやすい線形のマグニチュード・スケールを工夫している者もある。1989年にカリフォルニアで起きたロマプリータ地震の後、1990年にそうしたスケールの一例が発表された。アメリカ合衆国中部のそれほど地震活動が活発でない地域で研究をしているアメリカ人地震学者アーチ・ジョンストンによるものだ。ジョンストンは自らの研究分野について広く知ってもらうことに大きな関心があり、次のように打ち明ける。

　　真剣に考えなければいけないのは、自分たちの科学に関する事実を大衆に伝える点で、地震学者はまったく努力をしてこなかったことだ。地震のマグニチュードはその典型だ。地震学者でどれ程の人がリヒター・スケールをわかりやすく説明する努力をしてきただろうか？　マグニ

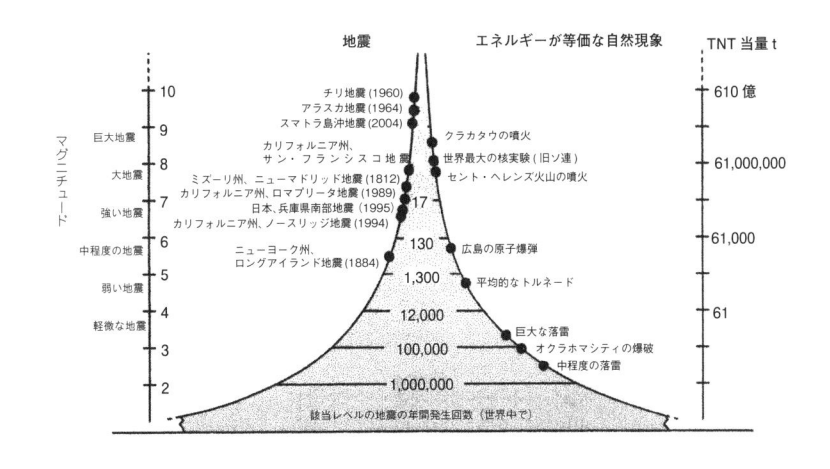

地震の放出エネルギーと、地震以外の自然災害や人工的な爆発との比較。

第 5 章　地震の測定　｜　109

チュードは元の値が10倍になると1増える対数で表現され、地震そのものの規模としてはマグニチュードが1増えると32倍になると説明しておきながら、いずれにせよリヒター・スケールはもう利用していないと梯子を外してしまう。しかしその頃には不幸な聴衆は頭がクラクラしはじめ、負のマグニチュードや飽和という話までくれば完全に打ちのめされて声も出ない。解説が終わると地震学者は、聴衆や記者たちがどうしてこんなにぼんやりした表情をしているのかと怪訝にすら思うのだ[12]。

　標準的な地震のマグニチュード・スケールの代わりに、ジョンストンのいわゆる「地震強度スケール」（Earthquake Strength Scale）はマグニチュード5.0、つまり被害が出るか出ないかの境目の地震を強度「1」とし、1989年サン・フランシスコ・ベイエリアで起きたマグニチュード7.0のロマプリータ地震は強度「100」、マグニチュード9.2の1964年アラスカ地震は強度「10000」、そして1960年チリで起きたマグニチュード9.5の記録史上最大の地震の強度を「31600」とした。

　またジョンストンは、地震によって放出されるエネルギーと、他の自然災害によって放出されるエネルギーの比較もしている。それによるとトルネードのモーメント・マグニチュードは4.7に相当し、1980年のセント・ヘレンズ火山の噴火は7.8、10日間以上にわたり十分に発達したハリケーンは9.6という恐ろしいほどのモーメント・マグニチュードに対応することになる。

第6章　断層、プレート、大陸移動

　20世紀中に地震の測定技術が着実に進歩した一方で、地震のメカニズムについての理論的解明の進展はそれほど目覚ましいとは言えなかった。これから紹介するように、1960年代に生み出されたプレートテクトニクス理論によって、地震の巨視的な振る舞いのすべてとは言わないまでも大部分は解明できたと言っていいのかもしれない。しかしその微視的なメカニズムつまり地震の間に地中の岩石に何が起こっているのかについては、1906年のサン・フランシスコ大地震後に提案された100年前のモデルとほとんど変わらず、通常の意味でも地質学的意味でも "faults"（「欠陥」という意味と「断層」の意味がある）をすべて積み残している。

　20世紀の最初の十年で、地震の主要な原因が地質学的な意味の "faults" つまり断層での地殻の動きとして理解されるようになった。それまで地震の原因といえば火山活動が有力な候補だったのだが、これは地震学の初期に大半の研究が南イタリアをフィールドとしていたためでもあった。南イタリアでは、1783年のカラブリア、1857年のナポリ近郊などの壊滅的地震と同時にヴェスヴィオ山やエトナ山など隣接する火山の活動があったからだ。しかし、その後火山の詳細な調査で、火山活動に地震がともなわないこともよくあり、火山から遠いところでもしばしば地震が発生していることが明らかになった。

　地震学者ジョン・ミルンは1870年代以降日本の火山に根気よく登り続けた。1877年ミルンらは蒸気船をチャーターし、横浜の南方、相模湾に浮かぶ小島、伊豆大島で噴火中だった火山を調査した。ミルンは伊豆大島から「本土ではしょっちゅう起きている地震だが、伊豆大島では地震はなく、揺れを感じるのは火山の噴火によるものだけだった」と報告している[1]。だ

1906年のサン・フランシスコ大地震後、カリフォルニア州オレマにできた地割れ（亀裂）。

いぶ後になってから、ミルンは次のように結論づけている。

> 日本で体験される地震の大半は火山が原因ではなく、火山と直接的な関係があるようには思えない。日本の中央部の山岳地帯には活動的な火山が数多くあるにもかかわらず、この地域は非常に地震が少ないのである[2]。

1905年にはミルンの同僚チャールズ・デイヴィソン（イギリスにおける地震の専門家）がこう書いている。「構造性地震（tectonic earthquake）が断層の形成と密接に関係していることは、今や疑いないだろう。これらの地震は、近年の火山活動の痕跡からずっと離れたところで生じているからだ」[3]。

1906年のサン・フランシスコ地震では全長435kmに及ぶ巨大な地割れが生じた。この現象を説明しようとして、アメリカの地球物理学者ハリー・フィールディング・リード（1859-1944）が考案したのが「弾性反発説」だった。この理論はまず断層をふたつの岩盤の接合面と捉える。この接合面は通常、完全に鉛

112　Earthquake

直ではなく、断層の一方の岩盤が他方に乗り上げる形になっている。この乗り上げている方の岩盤が下方に動いた場合、その断層を「正断層」と言い、上方に動いた場合を「逆断層」と言う。また、こうした鉛直方向の断層の動きを「傾斜移動」、水平方向の動きを「走行移動」と言う。もちろん実際の断層では、この2種類のすべりが同時に生じることも多い。断層が動くか動かないかは、断層面の摩擦力によって決まる。摩擦力が小さいほど、その断層は脆弱で動きやすくなる。摩擦力が十分に小さい場合は、地震は発生せず断層面が継続してすべる「断層クリープ」という現象が起きる。摩擦力が中程度の断層であれば、しばしばすべりが生じ、小規模な地震が数多く起きる。しかし摩擦力が高ければその断層はたまにしか動かず、数は少ないが巨大な地震が発生する。それでも、1906年サン・フランシスコ地震のときのように地割れ全体が地表に姿を現すとは限らない。

　サン・フランシスコ地震の数年前に、リードは断層帯を横切る道路や塀、小川がどのように変形しているかを記録していたので、地震後それらの水平方向や上下方向の変位が最大で6.4mに達していることがわかった。地震以前は、断層面の間の摩擦力によって断層面どうしがしっかり固定される継ぎ手部分があ

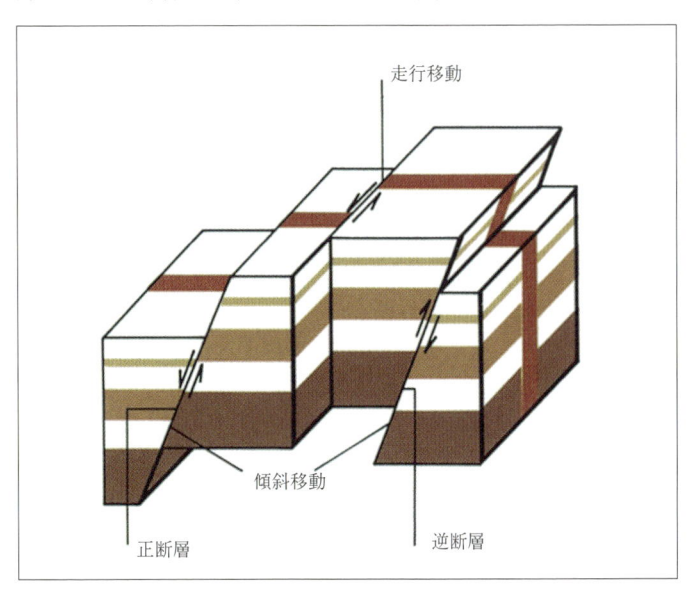

断層の種類。

第6章　断層、プレート、大陸移動

1

サンアンドレアス断[層]

北アメリカプレート

太平洋プレート

2

地震の表面波
（レイリー波とラヴ波）

3

震央

震源

地震の実体波
（P波とS波）

4

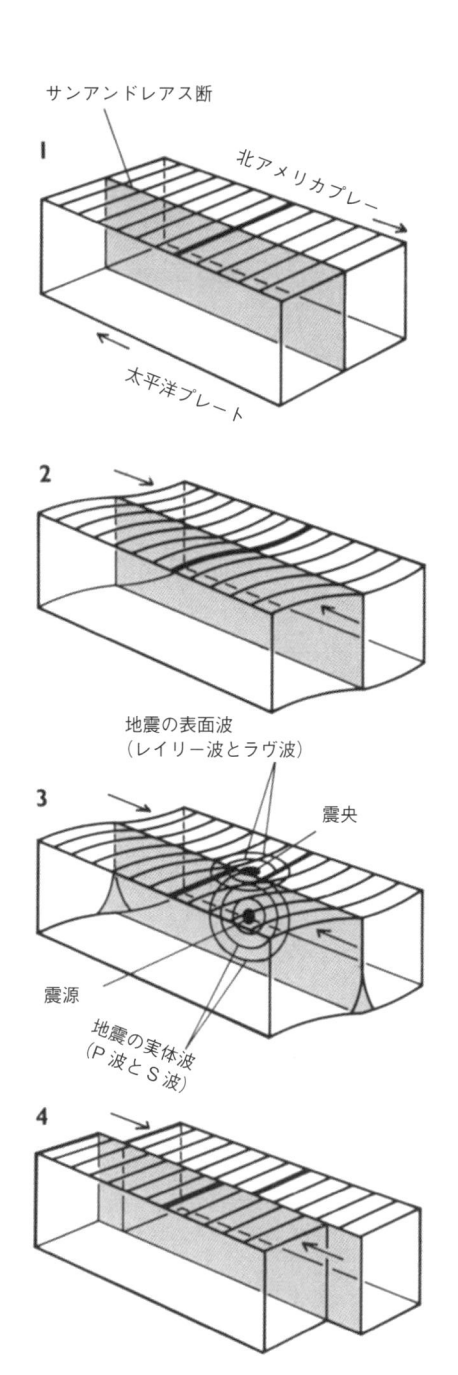

カリフォルニア州サンアンドレアス断層での、弾性反発説による断層破壊と地震のモデル。

るのだが、断層面が相対的に移動するとその部分が変形される。そしてついに断層の継ぎ手が切れると、断層面は伸ばされたゴムひもが縮む時のように、跳ねるようにして退きあい、以前より歪みの小さい構造に収まるのだが、この過程で地割れとずれが生じる。地震のメカニズムを説明するこの弾性反発モデルには実際には多くの難点があるが、いまでも最も幅広く受け入れられているモデルである。

　ここで例に挙げた1906年の断層というのは、もちろん今では有名なサンアンドレアス断層のことだ。この断層はサン・フランシスコ地震を調査していた地質学者ら（特にアンドルー・ローソン）によっていわば偶然に発見されたのだが、1989年のロマプリータ地震の翌年に発表された、米国地質調査所の特別報告のタイトルを引用すれば、現在「世界で最も有名なプレートの境界」であることに間違いない。サンアンドレアス断層系はほぼカリフォルニア全体を走る巨大な傷跡のようだが、地質学的には非常に複雑で、1年間に2.5cmから4cmの速度で太平洋プレートと北アメリカプレートはすれちがい、移動している。隣接する多くの断層も入れればこの断層系全体は幅95km、長さ1300kmに及ぶ。

　1906年当時では、まだ地球の地殻が動くという理論、まさに大陸が移動することを意味する理論などを受け入れる地質学者はいなかっただろう。それどころか断層の水平方向の運動についてさえ十分でもっともらしい説明など想像すらできなかった。19世紀に正統な地質学とされたのは大陸の垂直方向の動きだった。この地質学は1830年代にチャールズ・ライエルの研究によって示され、チャールズ・ダーウィンに大いに影響を与えた。19世紀末には、軽い地殻が、地殻の中でも密度が高くそれほど硬くないマントルの上に浮き上がるものと捉え、この軽い地殻が上昇すれば山となり、下降すれば海洋になると考えたのである。こうした垂直方向の変位とは対照的に、地殻を水平方向に何千kmも変位させることは物理的に不可能だと想像されていた。それほど巨大な力の存在が説明できなかったからだ。地殻の中で大陸を動かすほどの引力が作用しているとするなら、地球の回転が1年以内に止まることを示すのは物理学者なら朝飯前のことだった。

気象学者で地質学者でもあったアルフレート・ヴェーゲナーは大陸移動説を提唱した。

　しかし、かつて大陸どうしが物理的に繋がっていたことを仮定せずに、南アメリカとアフリカの大西洋岸の地形が非常によく組み合わさること、そして大西洋を挟んだ両大陸に植物や動物のまったく同じ化石が発見できることを説明できるだろうか？　地形的にぴったり組み合わさることが発見されたのは1500年代の終わり頃にまで遡り、この頃あるオランダの地図製作者が南北アメリカはヨーロッパとアフリカから切り離されたのではないかと示唆していた。1620年には哲学者フランシス・ベーコン（ベーコンの信奉者らが後に王立協会を設立する）が大陸どうしが驚くほどぴったり組み合わさると指摘している。1858年になるとフランスの地図製作者が大陸移動を示す地図を出版した。しかし20世紀前半までは、化石の一致については「陸峡」による説明が支持されていた。つまり化石になる前にこの生物種はおそらく、たとえばブラジルとアフリカの間にかつて存在した陸峡を通って移動した。ところがその後地球の寒冷化と収縮にともない、地殻が地球の中心方向へ崩壊してこの陸峡は水没したと考えたのである（地球内部の熱源として放射性物質の存在が認識されるまで、地球は熱を宇宙に放出して次第に寒冷化すると考えるのが常識となっていた）。

　1911年、この陸峡というあり得そうにない理論とアフリカと南アメリカの明らかな整合性について熟考する中で、ドイツ

の多才な気象学者で天文学者のアルフレート・ヴェーゲナー (1880-1930) は大陸が移動したことを確信するようになった。ヴェーゲナーが「パンゲア」(すべての陸地という意味)と呼んだ超大陸が分裂し、小片となった大陸が数百万年かけて現在の大陸の配置になるまで移動したというのである。ヴェーゲナーは 1912 年初めにこの考え方を発表し、その後ようやく 1915 年になってドイツで『大陸と海洋の起源』(竹内均訳、講談社、1971 年)を出版した。10 年後には英語版が刊行された。1930 年のグリーンランド探検でヴェーゲナーが早世するまでには、『大陸と海洋の起源』は版を重ね第 4 版となり、フランス語、スウェーデン語、スペイン語そしてロシア語にも翻訳されていた。

大陸が移動するという革新的アイデアは基本的に正しかったが、残念なことにヴェーゲナーが提唱したメカニズムと移動速度の計算には欠陥があった。そのためほとんどの科学者は大陸移動説を受け入れなかった。その典型的な反応として、シカゴ大学のアメリカ人地質学者ローリン・チェンバリン (1881-1948) は「ヴェーゲナーの仮説を信じるとするなら、過去 70 年間に学んできたことすべてを忘れ、最初から出直さなければならない」と 1928 年に述べている[4]。

その後 1960 年代になると、文句のつけようのないほど多様な科学的研究からヴェーゲナーの仮説に有利な証拠が数多く発見され、その圧倒的な説得力により地球科学に革命がもたらされた。この大陸移動という粗削りな概念も、まもなくプレートテクトニクスという説得力がある厳密な理論へと発展する。地震学者スーザン・ハウはこのプレートテクトニクスの重要性について、この概念のない地質学は、医学でたとえれば血液循環の知識なしに「心臓発作を理解しようとする」ようなものと述べている[5]。医師による血液循環の受容とくらべれば、地質学者はずっと迅速にプレートテクトニクスを受け入れることになった。2010 年に地震学者セス・スタインは「奇妙なアイデアと捉えられていた大陸移動が 1963 年から 1970 年頃の数年で、一般的な理論として受け入れられるようになった。そしてプレートテクトニクス理論の中核となり、地質学における最重要の概念となった」と書いている[6]。スタインは 1970 年代中頃に

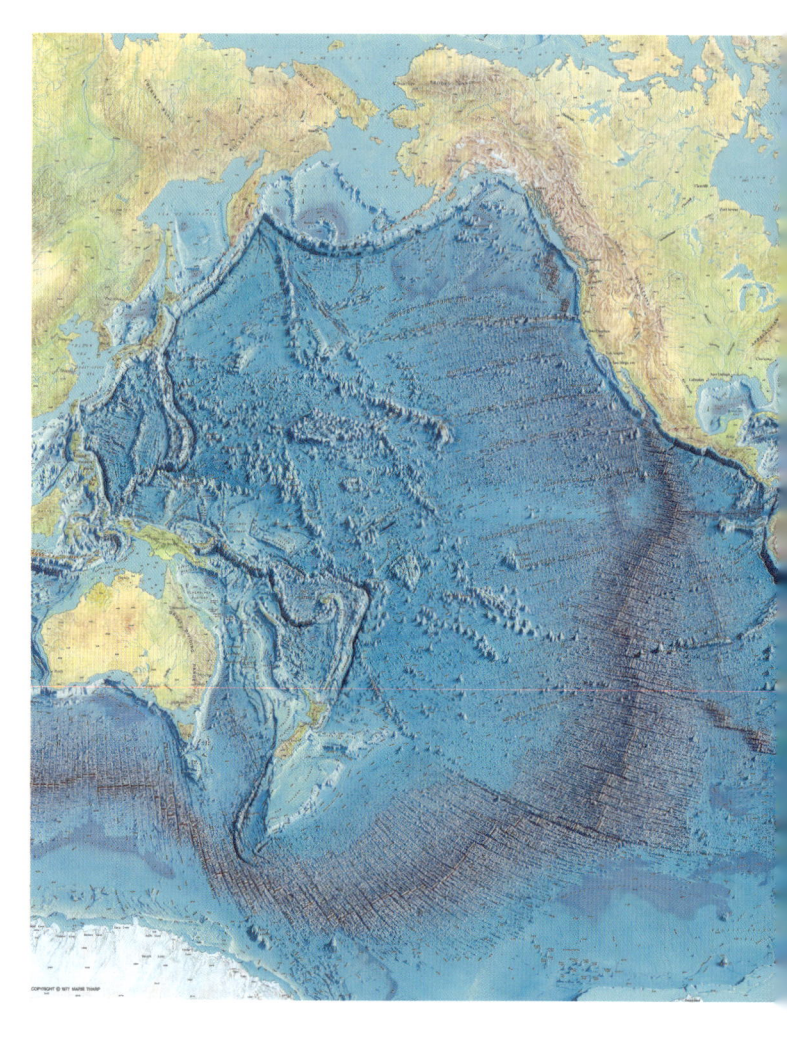

カリフォルニア工科大学で地球物理学を学び、大学院でプレートテクトニクスを学んだ地質学者の第1世代だ。

　この新理論の最も初期の、そしておそらく最も説得力のある証拠のひとつが地震だった。そのデータは大西洋の海底から得られた。1850年代から大西洋中央部の海底には山脈が存在するのではないかと考えられていた。1947年、マサチューセッツ州のウッズ・ホール海洋研究所の科学者たちが、当時入手可能だった最も強力な音響測深器を使いこの大西洋中央海嶺の形

海底地形図。1977年ブルース・ヘーゼンとマリー・サープによる。

状の調査を開始した。するとこの海嶺は大西洋の中央部を、大西洋を挟む両岸の大陸の海岸線からほぼ等距離を保ちながら連なっていることがわかった。最も高いところになると3000mもあり、海面下1600mにまで達する。海底から採取したサンプルから、海嶺の岩石は火山起源で、予測していたよりかなり新しいものであることがわかった。また、海底は地球史の早い時期に形成されたと仮定した予測より、海底の堆積物がずっと少なかったのである。この調査に参加していた地質学者ブルー

ス・ヘーゼンはこのことに興味を掻きたてられ、製図助手のマリー・サープとともに世界中から水深記録を収集しはじめ、それらのデータから初めて大西洋中央海嶺の形状と地図を完成させた。ブレークスルーに導いたのはこれらの地図の中の1枚だった。大西洋中央海嶺はその中央に長さの方向に沿って端から端まで深いV字谷が形成されている。ヘーゼンはこの地図上に、当時他の科学者らが研究していた大西洋で起きた地震の震央をプロットしていて、突然気がついた。海嶺でV字谷を形成している中軸谷で地震が発生していたのだ。同じように大西洋横断ケーブルが切れた点もこの地図に落としてみると、地震のデータと一致した。つまりケーブルは中軸谷の上で切断されていたのだ。

　これが1956年頃のことだった。この頃から1960年にかけてアメリカとイギリスの海洋調査隊が世界の海洋を深度計を使って調査し、海底の山脈の構造を描き出した。その結果こうした海嶺は大西洋中央部だけでなくインド洋中央部にも連なっていることがわかった。それらがアフリカの南側で繋がり、さらにオーストラリアと南極の中間部分を走る海嶺に繋がり、そこから東太平洋を北へと連なる海嶺（東太平洋海嶺）に続きカリフォルニアに至っていた。海嶺の中央部に必ず中軸谷が存在するわけではなかった。海嶺全体が細かく分割され、海洋地殻の巨大な地割れに沿って数百kmもずれていることが多く、こういった場所で地震が発生していた。また大西洋中央海嶺の尾根沿いに熱流を測定してみると、海底の他の場所より8倍も大きいこともわかった。海底にある地殻はかつて、そしておそらくは現在も、途方もないスケールで引きちぎられては再生されていることは明らかだ。

　1960年、やはりアメリカの地質学者ハリー・ヘスは、こうした観測結果を説明する根本的な新しい理論を考え出したが、ヴェーゲナーのアイデアに敵意を持つ同僚に囲まれていることもあって、言葉づかいに念には念を入れ慎重に表現した。「海洋の誕生は憶測の域を過ぎず、その後の歴史についてもよくわかっていないが、ようやく現在の構造が理解されてはじめてきたばかりである」とヘスは切り出した。ヘスはさらにその論文が「地球詩の随筆（an essay in geopoetry）」であると読者に

注意を促している[7]。ヘスが重視したのは、ヴェーゲナーが提唱した大陸の移動というより海底の移動で、海底は2台のコンベアーベルトのように移動していると主張した。溶融した新しい地殻が海嶺や中軸谷から湧き出しては海嶺の両側に分かれ互いに反対方向に遠ざかってゆき、同時に古い地殻は大陸の端にある深い海溝の中で崩壊していると提唱したのである。この「海洋底拡大説（seafloor spreading」（この理論にまもなくしてこう名付けたのは地質学者ロバート・ディーツ）では、ヘスの計算によると海底は海嶺の両側に毎年約1.25cmの速度で進んでいることになる。海底の拡大がこのペースで進んでいたとすれば、世界の海底はそれまで考えられていた10億年か20億年ではなく、わずか200万年で出来上がったことになり、これを海底の年齢とすれば海底で発見された最も古い岩石の年代測定とも一致した。

　海底の中軸谷で科学者が火山活動の証拠を目撃できたのは、1970年代に深海探査艇を使って大西洋中央海嶺で新しく形成された溶岩を近距離で観察できるようになってからのことだ。（ただし1963年に、アイスランド南方の海で、大西洋中央海嶺から突然隆起した火山島、スルツェイ島の激烈な誕生が目撃されてはいた）。しかしそれまでに、海洋底拡大説の新たな証拠を引き出すまったく新しい独創的な方法が考え出された。海嶺から採取した岩石のサンプルには、興味深い磁化のパターンがあった。イースター島南方の東太平洋海嶺から採取したサンプ

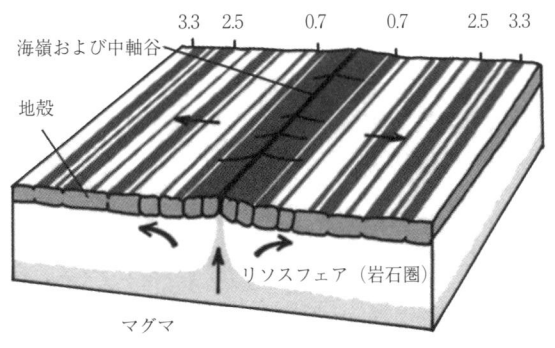

海洋底拡大。海底の岩石に見られるこの縞状の磁化パターンはプレートの存在とその動きの方向を示す重要な手掛かりとなった。

第6章　断層、プレート、大陸移動

ルは特に変わっていた。岩石中の磁化方向が反転している部分が層をなして隣り合い、海嶺を軸として左右対称に縞状にきれいに並んでいたのだ。図中の黒い帯で示されている所は一定方向に磁化され、白い部分ではそれとは逆方向に磁化されている。

　こうした磁化パターンが実は「プレートテクトニクスのロゼッタ・ストーン」であることがわかり、「懐疑的な学会を納得させるカギ」となったとハウは指摘する[8]。イギリスのふたりの海洋学者フレデリック・ヴァインとドラモンド・マシューズは1963年の論文で、初めてこの縞状磁気異常を説明した。ふたりは他の科学者の研究から、地球史という時間の流れの中で地磁気の方向がしばしば反転してきたこと、つまり磁北極が磁南極に変わったりその逆になったりしたことを知っていた。地質記録から、過去7000万年の間にこうした地磁気反転は、数百万年に少なくとも3回から4回の頻度で生じていたことがわかっている。そこでヴァインとマシューズは、溶融した岩石（マグマ）は海嶺から押し出され冷却されることで、そのときの地磁気方向の磁化を保存し、その後地磁気が反転しても磁化された状態が変わらずに残ると考えた。それに対して新しい火山岩は、冷却された火山岩を遠くに追いやり、かつてとは逆方向の地磁気によって磁化された。海嶺の両側に対称に広がる磁化の帯は、岩石が海嶺から押し出された間の地磁気のいわば化石記録だったのだ。「従って地殻はツインヘッドのテープレコーダのようなもので、地磁気が反転してきた歴史を保存しているのである」と1990年にヴァインは書いている[9]。海底での縞状磁化とは独立に、磁極逆転の年代同定ができるようになると、その結果から海洋底拡大の速度も計算できるようになった。

　いよいよ場面はプレートテクトニクスの発展の時代へと準備が整った。1965年、カナダの地球物理学者ジョン・トゥーゾー・ウィルソンは、ヴェーゲナーの仮説のように硬い大陸が軟らかい海洋地殻をかきわけるように進んでいるのではなく、地殻は「複数の巨大で硬いプレート（plate、岩板）」で構成されていて、ある端でプレートが成長し、別の端では崩壊していて、そうした動きが地球全体に及んでいると提案した[10]。別の研究者によってこの「プレート」に「テクトニクス（tectonics）」という用語が付け加えられたのは1968年から1969年の間のことで、

テクトニクスはギリシャ語で「建築者」を意味する tekton に由来する。テクトニクスという用語は造山運動などダイナミックな過程を表す用語として地質学者によって長く使われてきていて、本書でも先にデイヴィソンの「構造性地震（tectonic earthquake）」に関する記述を引用した。ウィルソンによるとプレートどうしの境界には3つのタイプがある。海嶺や中軸谷が形成されている境界では2枚のプレートが互いに離れながら成長している。海溝を形成している境界では一方のプレートが他のプレートの下に沈み込んで崩壊している。そしてウィルソンが「トランスフォーム型」と名付けた境界では、衝突したプレート同士が横ずれし、プレートは拡大も収束もしていない。そしてウィルソンはカリフォルニア州のサンアンドレアス断層がこのトランスフォーム断層であると主張した。

　ウィルソンのプレートという基本図式は今でも有効だ。今日の科学者によると大規模なプレートは7枚あり、太平洋プレート、インド＝オーストラリアプレート、ユーラシアプレート、アフリカプレート、北アメリカプレート、南アメリカプレートそして南極プレートとして知られる。その他にもアラビアプレートなど数多くの小規模のプレートが存在し、それらの正確な数と形については様々な説がある。プレートの平均的な厚さは100km近くある。既知のプレート境界の90％以上は海中にあり、サンアンドレアス断層、トルコの北アナトリア断層、そして中国中央部に存在する多くの断層などのように地上に現れている境界は非常に珍しい。

　世界で発生している地震の大部分はこうしたプレート境界で起きている。1850年代にマレットが最初に行ったことだが、地震の震央を世界地図に落としてみると、1000件の地震のうち999件、マグニチュードの大きな地震であればもっと大きな確率で、特定のベルト状の地域で発生していることがわかり、一般的にプレート境界と一致する（地質学者がプレート境界を確定するための情報のひとつとして地震の震央位置を利用していることからすれば、堂々巡りの感は否めないが）。地震の震央を示した地図そのものも興味深いものがある。1920年代に和達清夫が発見したように、震央がトンガ海溝や日本海溝などの太平洋海溝の近くにある場合は、どの震源も浅く最大でも地

殻内の地下 16km だ。しかし震央が日本海溝から離れてアジアに向かい西に移っていくと、その震源は急激に深くなり、日本列島の下では震源の深さは 80km から 160km になり、震央が日本海になると震源は地下 480km、日本海を挟んだ満洲沿岸域（大陸東海岸）では地下 640km に達する。こうした現象は多くのプレート境界で予想されることで、次にその理由を説明する。

　プレート境界では摩擦力と応力が生じていて、（海嶺で）岩

世界のプレートとその運動の方向を示した地図。

石は溶融したマントルから押し出され、（海溝では）マントル内部に戻って再び溶融され（海溝で）ている。海溝で起きている現象は、プレートが飲み込まれる「沈み込み」という過程だ。プレートが地中深くへ沈み込むと、その一部は溶融して再び地表にたどり着き火山という形で姿を現すと考えられている。しかし、この過程の詳細についてはまだほとんどわかっていない。

　この「沈み込み」によって前世紀の1960年にはチリで世界最大の地震が起き、1964年にはアラスカで、そして2004年に

ワシントン州のセント・ヘレンズ山。1980年の噴火前（上）と噴火後（下）。

はインドネシアで地震が発生した。チリでは太平洋プレートが南アメリカプレートの下に沈み込んでいる。現在もアンデス山脈の地下では1年に約8cmという大きな速度で沈み込みが進行していて、その結果アンデス山脈はますます高くなっている。日本列島やトンガの地下でも沈み込みが起きていて、太平洋プレートがユーラシアプレートの下に35度の角度、沈み込みの強い部分ではもっと大きな角度で沈み込んでいる。プレートが深く入り込むほど、地震の震源も深くなる。アメリカ合衆国の北西太平洋岸では、この沈み込みがサンアンドレアス断層の北

端のさらに先まで及んでいて、沈み込んだプレートが北アメリカプレートの下で消失したのは地質学的時間で言えばごく最近のことで、そのプレートがかつて存在した証しがカスケード山脈の壮大な火山群だと考えられている。(カスケード山脈の火山のひとつに、1980年に大規模な噴火をしたセント・ヘレンズ山がある)。しかし今日では、太平洋プレートは北アメリカプレートの下に沈み込んでいるのではなく、互いに横ずれしている。従ってカリフォルニアで起きる地震は、太平洋海溝付近の地震のように震源が浅い。つまりカリフォルニアの地下深くにある岩石は比較的安定しているのである。

　実際、十分な密度差がある2枚のプレートが衝突している境界であれば、沈み込みが生じる可能性がある。このような場合、密度が大きい方のプレートが小さい方のプレートの下に沈み込む。それとは対照的に正対しているプレートどうしの密度が同程度であれば、沈み込みは起きないだろう。そうした境界では、山脈が形成されたり地震が発生したりするにしても、一般的に火山は存在しない。そうした例がヒマラヤ山脈で、インドが乗っているプレートがインドを除いたアジアが乗っているプレートに押し寄せているのである。その結果アフガニスタン北部やカシミール(ヒンドゥークシュ山脈)など一帯では頻繁に地震が発生しているが、既知の火山は存在しない。

ハワイ州キラウエア火山頂上にある溶岩湖。

第6章　断層、プレート、大陸移動

スフリエール山の噴火と同時に地震が起きた。1843年グアドループ島で。

　プレートテクトニクスで生じる地震の説明には「魅惑的な気品（seductive elegance）」のようなものがあるというのは、ある地球物理学者の言葉だ。一方アーサー・C・クラークとマイク・マクウェイによる1996年のSF小説『マグニチュード10』（内田昌之訳、新潮文庫、1997年）では、ある研究者が、プレートを約50カ所の要所で「スポット溶接」し、地震を永久に止めてしまう計画を進める。この溶接には原子爆弾を使い、地表

に衝撃が加わらないよう地下深くで爆発させることになる。

　しかしプレートテクトニクス説には、いくつか都合の悪い事実が隠されている。第1に、プレートを動かす原動力は何なのか？　その過程はいつ始まったのか？　地球の長い歴史の中で不断に続いてきたものなのか、それとも間欠的だったのか？　これらの質問に明快な解答が与えられないのだ。ヴェーゲナーは自分の大陸移動説の駆動力として、地球の回転によって生ま

れる遠心力と太陽と月による引力を挙げていた。今日の地球物理学者はプレートテクトニクスを、水を張った鍋の下を火で熱したときのように、マントルと地球の核から地殻へ向けて上昇する熱と溶融した岩石で説明しようとしている。少数派ではあるが、生物が大陸周辺部の海底に石灰岩の堆積物（海洋生物の死骸）を形成することで、最終的に地殻岩石の化学成分と温度が変化して、地殻が不安定化し、それによってプレートテクトニクスが駆動されるという説もある。プレートテクトニクスが実際に生命の進化とともに始動したのであれば、プレートテクトニクスの起源は約45億年前という地球の起源ほど古くはないことになる。しかしプレートテクトニクスの作用により石油や天然ガスなどの自然資源が生成され、現代の人間社会の原動力となっていることは確かだ。

　第2に、今日の地震と火山の活動には、プレートテクトニクス理論からすれば異常と見られるような側面が数多く存在する。プレート内地震もそうした側面のひとつだ。たとえばハワイにはキラウエアなどの有名な火山があり同時に壊滅的な地震も起きている（過去150年間に9回）。ところがハワイは太平洋プレートのほぼ中央に位置しており、確認されているプレート境界から遠く離れている。ユーラシアプレートにぶつかるインド＝オーストラリアプレートを考えてみてもそうだ。プレートテクトニクス理論で容易に説明がつくヒマラヤ山脈での地震の他にも、インド＝オーストラリアプレートの中央部で巨大な地震が起きているのだ。インド＝オーストラリアプレートは剛性が高いものと想定され、地震発生の原因とされるような変形はしないはずだ。ところが実際にはこれまで非常に多くの場所で、大きなプレート内地震が起きている。北アメリカプレート内で3つの破壊的な地震が1811年から1812年にかけてミズーリ州で発生し、アメリカ合衆国では最大級の地震に数えられている。さらに1886年にはサウスカロライナ州チャールストンでも大きな地震があった。また2011年にはマグニチュード5.9の揺れが首都ワシントンD.C.を襲っている。インド＝オーストラリアプレート内では、1988年にオーストラリアのノーザン・テリトリーでマグニチュード6の地震が相次ぎ、地表に亀裂が生じた。2001年にはインドで、活動的なプレート境界

から数百 km 離れたところでマグニチュード 7.6 の地震が生じ、グジャラート州の都市ブージを破壊した。ユーラシアプレートにある、西ヨーロッパでも、1992 年に壊滅的な地震がオランダ、ベルギー、ドイツの国境地帯を襲い、イギリスでは数百年の間に中規模ではあっても破壊的な地震が多数発生している。

　震源が非常に深い地震が多いことも謎だ。明白な沈み込みがない場所でも震源の深い地震が時折生じるとなれば、沈み込み論が合理的な説明とは思えなくなる。たとえば 1977 年にルーマニアのブカレストで発生した地震は、震源の深さが 160km で 1500 人が犠牲となった。後のプレート活動でかつて沈み込み帯だった部分が不明瞭になっていた可能性もある。しかしスペインや北アフリカ、インド中央の地下で記録された地震はそうではない。もっと深刻なのは、物理学によれば、50km より深い地下、計算によってはもっと浅いところから下では一切地震は生じないはずなのである。実験室で岩石に実際と似たような温度と圧力をかけてみると、岩石は破砕されるのではなく可塑性を帯び流体のようになるからだ。確かに地下の深部で岩石が液体のようになっていなければ、プレートが動いて地震の間に地表近くで破砕することもないだろう。

　こうした不都合な事実をことごとく説明するために様々な試みがなされてきた。それほど硬くない一様なプレートに断層があって、それがプレート内地震を起こしている仮説や、ハワイの火山を説明するために「ホット・スポット」（マグマが生成される場所）の存在を仮定したりもしている。しかしこうした特別な説明が必要であること自体が、地殻運動に関する現在の理論の重大な弱点であることを科学者は認めざるを得ない。「何が動くのかについては 20 世紀にはっきりとした。しかし何故、いつ動くのかについてはいまだに謎だ」とフィリップ・フラドキンはサンアンドレアス断層に関する自著で述べている[11]。地震の理論は、21 世紀の地震学者が願うほどしっかりした土台に乗っているわけではない。

第 6 章　断層、プレート、大陸移動

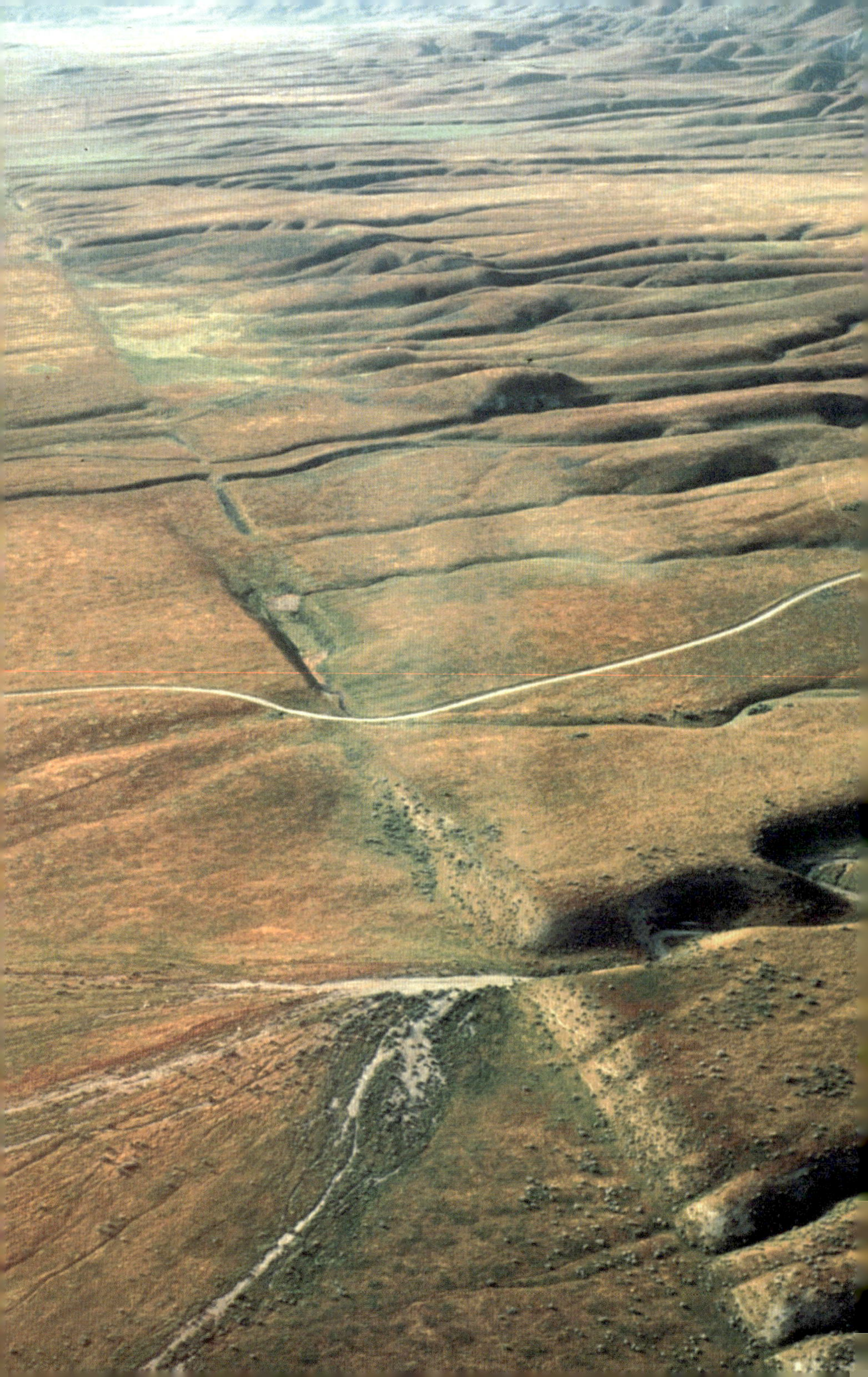

第7章　サンアンドレアス断層の謎
──カリフォルニア

　サンアンドレアス断層の地質学的起源については、1965 年にプレートテクトニクスのパイオニア、ジョン・トゥーゾー・ウィルソンが見事に説明している。ウィルソンはこの断層が、太平洋プレート内に存在するふたつの拡大しつつある海嶺の間のトランスフォーム断層であるとする仮説を立てた。後に他の研究者による分析で、太平洋プレートに地球規模で作用する力を考慮した計算によってこのウィルソンのアイデアが精緻化され、太平洋プレートの西太平洋側のように（ユーラシアプレートの下に）沈み込んでいるのではなく、北アメリカプレートと接触しながらときには突き押すこともあるが、横滑りしているというモデルが確立された。

　ところが、何十年も研究を重ね、最先端の装置によって地表付近で考えられるあらゆる側面から断層を観察し、2003 年からは、断層の地下深く掘削までして観察している（サンアンドレアス断層深部観測所　SAFOD San Andreas Fault Observatory at Depth）にもかかわらず、悲しいかな、この地域における地震現象の詳細な解明は途方もなく難しいのである。次第にわかってきたのは、サンアンドレアス断層が地質学的に複雑であるということだ。今では科学者はサンアンドレアス断層とは言わず、「サンアンドレアス断層系」と呼び、断層帯とそれを構成する断層そのものを区別している。この断層系はサン・フランシスコの緯度付近で幅が 80km あり、プレート境界に沿って近接する陸上、海中のすべての断層で構成される。個々の断層の大部分には固有名とそれぞれの歴史があり、ヘイワード断層もそのひとつだ。この断層はサン・フランシスコの東をサンアンドレアス断層の主要部と併走し、1868 年に大き

カリフォルニア州中部カリーソ平原のサンアンドレアス断層。

く裂ける断層破壊を起こした。サンアンドレアス断層帯のもっと狭い部分になると幅 0.5km から 0.8km 程度になり、岩石が激しく剪断されている。一方サンアンドレアス断層そのものは最も最近地殻破砕を起こした断層で、目で見てはっきりそれとわかる。その形状は場所によって 1 本あるいは 2 本の溝であったり平行な亀裂の連なりであったり様々だ。地表をあらわに破壊していない断層は「伏在断層」と言う。サンアンドレアス断層を最も明瞭に確認でき、従って最もよく調査されている場所が、不気味なカリーソ平原だ。

　サンアンドレアス断層で地震研究が進められているのは、断層の科学的解明もその動機となっているが、同時に世界で最も豊かな地域で将来起こりうる地震災害を予測し未然に防ぐためでもある。サン・フランシスコ・ベイエリア、ロサンゼルス、その他にもシリコンヴァレーなど人口と産業が集中した数多くの地域があり、そのどれもがサンアンドレアス断層の真上あるいは断層近くに位置しているのである。1906 年のサン・フランシスコ地震で、一番の被害をもたらした直接の原因は地震の後に発生した火災だった（1923 年に東京と横浜を襲った関東大震災でもそうだった）。マーク・ライスナー（1948-2000）は遺作となった著書『危険な場所：カリフォルニアの不安な宿命（A Dangerous Place: California's Unsettling Fate）』で「カリフォルニアの乾期は長いため、その間にロサンゼルスやベイエリアが地震に襲われる可能性はかなり高く、周囲の景観は火が付くのを待つばかりだ」と述べている。この『危険な場所』でライスナーはカリフォルニアが再び大地震に襲われたらどうなるかについて、背筋が寒くなるほど詳細で説得力ある指摘をしている。ライスナーは『砂漠のキャデラック：アメリカの水資源開発』の著者でもあり、アメリカ西部の水資源の専門家だ。ライスナーの見方によると「水道設備が被害を受け、おそらく水が使えなくなるだろう。そうなってから火の手が上がれば、きっとそうなるだろうが、揺れを生きのびられたとしても火の手に飲まれることになる」[1]。

　サンアンドレアス断層の中で地震学者が重要視しているのはふたつの部分だ。ひとつは「北部セクション」で全長 435km あり 1906 年に断層破壊を起こした。さらに重視されているの

サンアンドレアス断層の地図。実線が同断層の北部セグメントと南部セグメントで、1906年と1857年の地震はこれらの部分がずれて発生した。

が全長300kmの「南部セクション」で、1857年にフォートテホンで強い地震があって以来動きがない。警戒されている北部セクションと南部セクションに挟まれた長い中央部は常にゆっくりと動いていて応力を蓄積しない。ホリスター近郊のシエネガ・ヴァレー・ワイナリーはこの断層上にあり、クリープ性の断層によって建物がじわじわと引き裂かれている。しかしこの断層はワイン畑には好都合なようで、ワイン品評会での受賞が長年続いている（フィリップ・フラドキンが冗談めかして言うには、ワイン醸造所のラベルに「サンアンドレアス断層による自然圧搾」と印刷すべし）[2]。クリープがあるということは、北はメンドシノ岬のプレート三重会合点（3つのプレートがぶつかる点）から南はソルトン湖に至る全長1300kmのサンアンドレアス断層の全体が単一の地震で断層破壊することはおそらくない。新聞に折り目を付けその一部を湿らせて一気に裂くようにはならないということだ。

　1857年の地震当時、ロサンゼルスはまだ小さな街で、断層から65kmのところで4000人が暮らしていた。家屋によっては亀裂が入った場合もあったが大きな被害はなかった。南カリ

フォルニア全体で死者はふたりだった。フォートテホンでかなり被害があった他には、全体的な被害はそれほどでもなかった。これを最も最近起きたサンアンドレアス断層での大きな地震とくらべてみる。1989年にサン・フランシスコの南、ロマプリータを震源とする地震はマグニチュード7.0で、1857年と1906年のマグニチュード推定7.9とくらべると小さい。1989年の地震ではサンアンドレアス断層北部セグメントの南端にあたる長さ40kmの部分が断層破壊を起こした。死者は63人、4000人近くが負傷した。倒壊した家屋は約1000戸で、さらに多くの家屋が多少なりとも被害を受けた。被害総額は少なく見積もっても60億ドル、中にはもっと莫大な被害額を見積もっている報告もあるが、主にサン・フランシスコ（中でもマリーナ・ディストリクト）での損害が大きかった。

　特に警戒される要因となっているのが、サンアンドレアス断層沿いの最近数十年間の地震活動パターンだ。揺れは断層のかなりの長さにわたって頻繁に生じている（1857年と1906年に破壊を起こした北部、南部セクションではそれほどでもないが）。ところがロサンゼルスに最も近い部分が不気味なほど静かで、かすかな揺れさえめったに起きていない。この断層が今世紀中に破壊を起こすことはほぼ確実視されているのだが、かつて1975年に中国の海城市を襲ったマグニチュード7.4の地震の際、前兆として弱い地震が群発したように、本震前に屋外への脱出を促されるような前兆があるのだろうか？　それとも1976年に唐山を襲い25万の人命を奪った中国第2の大地震のように、まったく予測できないうちに突然地震の衝撃に襲われることになるのだろうか？

　ロサンゼルスの南、サンアンドレアス断層がソルトン湖に達する近辺で（断層の真上ではない）中程度の地震が連続し、1980年代後半頃から科学者を心配させるようになっていた。しかしこの群発地震も、1992年にランダースで起きたマグニチュード7.4の地震に続き、まもなく1994年にノースリッジでマグニチュード6.7の地震が起きて終結した。カリフォルニアは今、巨大地震へ向かう恐怖の蓄積が着々と進んでいるのだろうか？　誰にもはっきりしたことはわからない。こうした群発地震により数十年後に大地震が起きる可能性を高めているか

1989年ロマプリータ地震でサン・フランシスコのベイブリッジが崩落した部分。

　もしれないし、応力が解放されることで大地震の可能性が低くなっているのかもしれない。
　カリフォルニアの将来の地震を分析する上で大きな壁となっているのが、サンアンドレアス断層が地震発生の「弾性反発説」モデル（1906年のサン・フランシスコ地震に由来するモデル）に正しく従っていない点だ。たとえば断層温度だ。実際の断層破壊で生じる熱放出はさておき、断層の温度は断層から離れた部分より高いと考えるのが普通ではないだろうか。2枚のプレートを擦り合わせれば摩擦による熱が生じるからだ（手を擦り合わせてみれば熱が生じるように）。ところが、1990年米国地質調査所（USGS）はサンアンドレアス断層系について次のように報告している。

第7章　サンアンドレアス断層の謎―カリフォルニア　　137

この過程で予測される摩擦熱はこれまで検出されていない。従って両プレートの動きと地震を理解する上で重要な摩擦応力の大きさはまだはっきりせず、大きさのオーダーすら不明である。[3]

　断層に作用している力を測定してみると、実際には断層面に対してかなり傾斜している。技術的に言えば応力が高角度で作用している。つまり主応力が断層の長さ方向ではなく断層面にほぼ直角に作用していて、断層が走る方向から期待されるような北西——南東方向ではなく北東　　南西方向に力が作用しているのである。この断層の応力は断層面に沿って剪断破壊を起こすのではなく、断層面を互いに引き離そうとしているようなのだ。この見方が正しいとすると、サンアンドレアス断層は頑丈というにはほど遠く、実際には極めて脆弱だということになる。

　この驚くべき結論を裏付ける別の証拠も存在する。断層の「弾性反発」モデルに基づいて計算すれば、地震によって応力が大きく低下するはずだが、この断層は違う。もし応力の低下が起きていれば、小さな地震でも地面が時速40kmで90mは動くはずなのだ。昆虫でさえ生き残れないだろう！　かつては、地震前に作用していた応力の大部分が地震後も断層に残っていて、それで余震が起きると解釈されたこともあった。しかし1989年にロマプリータ地震が起きたときにサンアンドレアス断層を調査した結果、こうした解釈は反証されている。米国地質調査所のチームは地震前後に生じた小さな揺れの方向を比較し、余震は四方八方に揺れたが、地震前に起きた揺れの方向には揺れていないことを発見した。つまり断層に作用していた応力は地震によって実質的に完全に散逸していたのである。同チームは、地震前に断層に作用していた応力は「弾性反発説」モデルで予測されるより小さかったはずだと結論づけている。

　さらにモデルと実際の現象とが整合しないのが破壊の速度だ。断層破壊が起きたと同時に観測もできるなどということは科学者にとってはなかなか期待できない。しかし目撃者の説明によれば、断層破壊の過程が「弾性反発説」で考えられるよりずっと大きな速度で進行していることになる。断層は予測より

はるかに容易に動くのだ。1983年アイダホ州のマグニチュード7.2の地震の報告によると、断層の片側がわずか1秒で上方に1mずれ上がったことが目撃されている。通常の摩擦が作用してその動きが抑えられていれば、10秒以上時間がかかっていたはずだ。

また別の線の証拠として、南カリフォルニア一帯に散在する岩石がある。ぎりぎりのところで安定を保ち不安定な状態にあるこれらの岩石が過去の地震について教えてくれる。一帯に存在する多くの巨石が、強震動を記録する原始的な地震計（seismometer）と考えられるのである。これらの巨石は、地震による地盤の揺れが一定レベルを超えたときに動くからだ。地質学者ジェームズ・ブリュンと彼の同僚は、吊り上げ装置を使った実験で巨石を動かすのに必要な地盤の揺れを推定し、同時に岩石表面の光沢層を化学分析したり、宇宙線への不断の曝露で生じるある種の同位体を分析することで、岩石の年代測定も試みた。こうした方法が有効と認められればだが（地震学者の間で議論の最中）、これらの不安定な巨石はこの地域で過去1万年以上の間に起きた大きな地震の影響を受けなかったという驚くべき結果が出た。おそらく、これらの地震による地盤の揺れが「弾性反発説」モデルで想定される頑丈な断層という仮定に基づいた揺れより小さかったためだろう。

「弱い断層：至るところで破壊が進行」。これは1992年に学術誌『サイエンス』に掲載された地震研究の報告の見出しだ。冒頭部分で「これまでの地震は単純なものだった」と指摘し、その直後に長年サンアンドレアス断層を研究してきたスタンフォード大学の地球物理学者マーク・ゾバックの言葉が引用されている。「地震がどのように起きるのかは、まったくわかっていない。これだけの年月をかけてもヒントすら得られていない」[4]。科学者がみな地震の解明についてこのように悲観しているわけではないが、既存の「弾性反発説」モデルに深刻な限界があることは誰もが認めている。スーザン・ハウは著書『世界を揺るがす科学：地震についてわかっていることと、わかっていないこと（Earthshaking Science: What We Know (and Don't Know) about Earthquakes）』で「正確にいつどのように断層が動くのか？　どうして地震が起きなくなるのか？　複雑な断層系

の破壊はどう進行するのか？」はまだ解明されていない問題だと指摘し、さらに「地震に関して基本的なアイデアを示しても、それによって解決される問題と同じくらい多くの疑問が生まれる」と述べている[5]。

　セス・スタインは学部生に「弾性反発説」を教えるのにゴムバンドをつけた石けん入りの箱を、ヨガマットの上で引っ張る実験をする。ゴムバンドを引っ張ると、最初はゴムが伸びるだけで箱は動かないが、バンドの伸縮力が箱とマットの間に働く摩擦力より強くなると箱は突然すべり出し、ゴムバンドは急速に元の長さに戻る。「このアナロジーで、断層と地震現象の核心がつかめる」とスタインは述べる[6]。しかし「弾性反発説」では満足できない人々はまったく異なるモデルを提唱している。地震に対する考え方も、そこまで変わったのかと思わされる例として（そのアイデアの有効性はともかく）、バナナの皮がツルツルとすべることを取り入れた断層運動モデル、溶け出した角氷は横から押すより上から押した方が調理台の上でよくすべるとか（この力の方向は、サンアンドレアス断層のような実際の断層における高角度応力に対応する）、カーペットのシワはカーペット全体を強引に引っ張らなくても、掃き寄せるようにして簡単にとれる（カーペット・フィッターの十八番技）ことを織り込んだモデルもある。この最後のモデルは金属結晶格子中での転移や変形の過程で欠陥が移動する様子にも似ている。

　こうして様々なモデルが存在するわけだが、どのモデルにも共通する点がひとつある。断層面の間に何かが入ることで滑らかになり、断層を弱くしているという点だ。カルテク（カリフォルニア工科大学）の科学者トマス・ヒートンは地震のメカニズムに関する重要な調査研究で「流体の上方への移動が地震発生の引き金となりうる」と提起している[7]。サンアンドレアス断層で地震が起きるのは地下5kmから16kmという比較的浅い部分で、そのあたりの温度と圧力であれば潤滑剤の役割を果たしているのは破砕した岩石や粘土ではなく、おそらく断層が形成されるときに捕捉された鉱物流体か、あるいは断層より地下のもっと可塑性の大きい部分から押し上げられた流体だろう。マグネシウムが豊富な蛇紋岩に熱水が作用して形成される水和

ケイ酸マグネシウム、いわゆる「滑石」はすべりやすいことでよく知られていて、こうした断層潤滑剤の候補のひとつだ。おそらくサンアンドレアス断層が、蛇紋岩（そしておそらく滑石も）が見られるカリフォルニア州中部でクリープしていることは偶然の一致ではないだろう。

　潤滑剤が水である可能性もある。浸食によってあらわになった断層の様子から判断すると、断層の深い部分には大量の水が存在するらしい。実際にサンアンドレアス断層以外の地域での証拠からも、水が断層の潤滑剤となっているとする考え方が実質的に支持されている。たとえば1960年代の初め、それまで自然現象としての地震活動は不活発だったコロラド州デンヴァー近郊で群発地震が発生した。1962年4月から1963年9月にかけて地元の地震観測所では震央の数で700カ所以上、最大でマグニチュード4.3の地震が記録された。その後1964年には地震活動はいったん急速に低下し、その後1965年に再び群発地震が発生した。デンヴァー北東のロッキー山脈には米陸軍の兵器工場がある。陸軍は兵器製造で生じた汚染水を地下3660mまで掘削した深井戸に注入していたことが判明した。汚染水の注入は1962年3月に始まり1963年9月に中止されるまで1年間続いた。その後1964年9月に再開され、最終的に1965年9月に終了した。地震に危機感を募らせたデンヴァーの住民が、陸軍による汚染水の地下処分を中止させたのである。

　いわば偶然の実験とも言える陸軍の汚染水注入から得られた知識を参考にして、米国地質調査所は1969年にコロラド州西部レンジリーの油田で計画的な実験を開始した。既存の油井を利用し、油井内に水を意図的に注入したり排水したりし、地殻岩石の間隙水圧（つまり岩石に吸収された流体の圧力）を測定した。同時に多数の地震計、特にこの地域に設置された地震計で地震活動も観測した。その結果はっきりしたのは、間隙水圧の増加と地震活動の増加が顕著な相関を示すことだった。「フラッキング」（水圧破砕）という石油と天然ガスの採掘手法がまだ議論されている時代だったが、デンヴァーとレンジリーの場合はどちらも、水が地下にある断層に入って断層をすべりやすくさせ、地震が発生したとものと考えられた。ひょっとすると、サンアンドレアス断層のような断層に作用する応力を選択

的に解放するためにこの手が使えるのではないだろうか。小規模な地震を制御しつつ誘発できれば、大きな災害をもたらす大規模な地震を防止できるかもしれない。しかし、このアイデアはあまりに危険すぎるだろう。あの地下で核爆弾を爆発させてプレートを「スポット溶接」するという前章で触れたアイデアと似たようなもので、地震メカニズムに関する科学者の理解が劇的に進歩しないかぎり応用は難しいだろう。しかし、ダム建設の際に岩石の応力を解放する方法として試してみる価値はあるかもしれない。

　ダムはいわゆる「ダム誘発地震」により、水が岩石の動きを滑らかにすることについて、論争の余地のない証拠を提供してくれる。岩石に直接圧力がかかるためというより、おそらくダムの地下にある断層に水が浸透して地震が起きるのだろう。(水によって岩石に直接かかる圧力増加は、数km地下の通常の岩石に作用している圧力とくらべれば非常に小さいことが計算によって示される)。ほとんどの巨大ダムの場合、貯水時に地震活動が増加することはなかったが、多くの重要な例外も存在し、少数ではあるが心配になるほど大きな地震も発生している。

　最初はネヴァダ州とアリゾナ州にまたがるフーヴァーダムの背後にできた人造湖、ミード湖で起きた。5年がかりで貯水してから1940年に地震はピークに達し、その後は減少した。ザンビアのカリバ湖では1958年から1963年にかけて貯水している間に、年間で通常より数百回も多く地震が起きた。最大の地震は1963年9月のマグニチュード5.8で、その後地震活動は減少した。エジプトではアスワンハイダム近くで1981年にマグニチュード5.6の地震があり、余震も記録されている。世紀の変わり目に地球規模の地震学が始まって以来、上エジプトで大きな地震はまったく観測されず、過去3000年まで遡れる歴史記録にも大きな地震については記載がない。1981年に起きた地震の震央は、アスワンハイダムでできた人造湖ナセル湖の、ダムから約65km地点にある大きな入り江の底にあたることから、おそらく地震はこの湖の影響によるものだ。ナイル川沿いに存在する多孔質の砂岩が膨大な量の水を吸収し、間隙水圧を大きく変化させたのだろう。

　ダムに関係する地震で最も深刻な事例はインドと中国で起き

中国四川省を流れる岷江(ミンジァン)(長江の支流)の紫坪埔(ジピンプ)ダム。

た。インド西部のコイナのダムは地震活動が不活発な地域にあった。コイナ地域でよく地震が報告されるようになったのは1962年以降、やはりダムの貯水が始まってからのことで、地震計から地震の震源は、ダムで堰き止められてできた人造湖シヴァスガー湖の浅い湖底部分だった。1967年中にはかなり大きい揺れが数多く発生し、同年12月のマグニチュード6.3の地震で峠を越えたが、このときは建造物が破壊され200名以上が死亡、さらに多くの人々が負傷する惨事となった。ダムの「通廊部」[ダムの内部を観察するための通路]に設置された強震計には、横方向の加速度が重力加速度の0.63倍という大きな加速度が記録されていた。改正メルカリ震度階級ではX「破滅的」と評価された。これとは対照的に中国四川省で起きた地震は、地震活動が活発であることで知られる地域であったが、それまでの数十年間はそれほど大きなマグニチュードの地震はなかった。2008年、四川省でマグニチュード7.9の地震が起き7万人近くが死亡、北川(ベイチュアン)の街は壊滅した。研究者が注目したのは、この震央が紫坪埔(ジピンプ)ダムに非常に近かったことだ。このダムは震央から5.5km、破壊した断層からわずか0.5kmの位置にあった。このダムが3億tの水を貯水し終わったのは2006年のことだった。このインドと中国のダムと、それらと震源の近い地震との関連性を証明する証拠はなく、ダム建設やプロジェクト運営の関係

者らはたいてい関連性を認めないが、インドの場合地震とダムが関係している可能性はかなり高く、中国のダムの場合でも少なくともその可能性はある。隣接する成都の四川省地質鉱産局の主席技師・范筱(ファンシャオ)は2009年にこの問題を公表し、将来のダム建設計画における地震リスクへの注意を喚起した。主席技師は「既存の計画を見直し細心の注意を払ってプロジェクトを計画すべきだ」とサイエンス誌で述べ「しかしこれらの大規模建設プロジェクトが中止されるかという点について、私は悲観的だ。水力発電の開発事業者や地方政府の根強い利権が存在するからだ」と指摘した[8]。

　カリフォルニア産業界は、同州のサンアンドレアス断層への対応についてかねてから大きな影響力を及ぼしていた。審査委員会によってカリフォルニア州の震災リスクが明らかにされても、産業界は曖昧な態度を取るのが普通だった。1868年のヘイワード断層地震は1989年のロマプリータ地震より3倍も長く続き、サン・フランシスコに深刻な打撃を与えたが、この地震に関する衝撃的な学術報告書は出版されなかった。サン・フランシスコ市当局とサン・フランシスコ商工会議所の反対によって報告書がもみ消されたことは明らかだった。その結果1868年の地震からは、都市における防災建築の教訓は得られなかったのである。1906年の地震の後でも、サン・フラン

1906年地震の後、炎上するサン・フランシスコのマーケットストリートを兵士がパトロールする。

1906年、サン・フランシスコ地震の後、家を失った人々への炊き出しの光景。

シスコが壊滅したのは地震より火災のせいだとする執拗な働きかけが続けられ、火災説が定着した。その結果第1に、建物保険では一般的に火災は保障の対象となるが、地震による損害は保障されないことになった。第2に火災を重視したことで、長期的に見た都市の震災リスクから注意が逸らされることになった。第3に、こうした見方からサン・フランシスコ市の復興にあたっては、建物の基礎や構造については費用のかかる改良をしないまま、できるだけ早く以前の状態に復元することが奨励された。さらにサン・フランシスコの日刊紙は、アメリカ合衆国東部での小さな地震の電信記事を掲載する一方で、サン・フランシスコで起きた強い余震については報道しないというやりかたで、この火災説を幇助したのである。

1906年の地震ではその犠牲者数についてさえ、慎重な過小評価により700名とされてきたが、実際にはサン・フランシスコだけで3000人以上が亡くなっていたことが、地元の研究者グラディス・ハンセンとエメット・コンドンのふたりにより1989年の共著『災害のもみ消し（Denial of Disaster）』で曝露された。ハンセンがこの震災に関心を抱くようになったのは、1960年代に市立図書館で家系コレクションの担当になったときだった。そこでちょくちょく求められたのが1906年の死亡者リストなのだが、ハンセンはそういったリストが存在しない

ことに気付いた。犠牲者がもっと多かったことが知られるようになるまで、地震からほぼ100年がたっていた。

「こうした無関心を装う政策は、おそらく世界の他の地震国ではあり得ないだろうが、今日まで継続され同時に政策的に隠蔽(いんぺい)されてきた」と著名な地質学者グローヴ・カール・ギルバートは1909年アメリカ地理学会の会長就任演説で批判し、「カリフォルニアの土地が不安定だという噂が立てば、移民の流れが止まり、州都は移動し、ビジネス活動にも支障が出ることを懸念するからだ」と苦言を呈した[9]。

南カリフォルニアで、マグニチュード6.4のロング・ビーチ地震の後、「非常に楽観的なロサンゼルス市議会は、1933年の地震で発揮された人々の善意を強調した決議文を可決した」とフラドキンは記している[10]。そしてどういうわけか多くの住民は、ロング・ビーチ地震が、北カリフォルニアで起きた1906年の大地震に匹敵するものと思い込んだ。チャールズ・リヒターはロング・ビーチ地震について「中程度の地震にすぎなかった」ことを認め、それが「大災害」と位置づけられたとしている。それでも「少なくとも」と前置きをしてリヒターは次のように述べている。

> この不幸な出来事には良い結果もたくさんあった。不完全な知識や見当違いの利害から、ロサンゼルス大都市圏における深刻な震災リスクの存在を否定したりもみ消したりする動きに終止符を打つことができたからだ[11]。

当時のカリフォルニア住民の間には、地震に対するまったくといっていい無知と、人間についての誤った楽観主義が、渾然一体となって蔓延していた。ジャーナリストで社会評論家のカレイ・マックウィリアムスは、1933年の地震の直後にロング・ビーチ周辺の地元紙を通して広まった都市伝説を収集した。それらは次のようなものだった。

> 自動車がロング・ビーチの海岸通りを走っていると、非常に強い揺れに襲われ4本のタイヤをすべて失ってしまった。ロング・ビーチの葬儀屋は地震の後60を超える遺体

の埋葬に1ペニーも取らなかった。住民がロバート・P・シュラー師をアメリカ上院に当選させられなかったことから、師が南カリフォルニアに恐ろしい呪いをかけた結果最初に現れた症状がこの地震である。パロスヴァーデスの2kmほど沖合で船に乗っていた水夫が（非常に高い）山が視界から消えるのを目撃した。ロング・ビーチの密造酒業者が、公共心から大量のアルコールを保健所に寄付したため数百人の命が救われた。地震のあいだ女性は何より勇敢だったが、男性は地震で腰を抜かしてしまった。地震の衝撃で、ロング・ビーチでは数十件の流産があり、女性は地震のせいで長いこと煩わしい便秘に悩まされることが多かった。この地震で被害を受けなかった南カリフォルニアの建物はすべて「耐震構造」である……［そしてこれで最後だが］地震の後3月24日に並はずれた大流星が出現したのは、終末の始まりの前兆である[12]。

　1906年の地震にまつわる有名な都市伝説には、おそらく大地の創造と大洪水という聖書の物語に刺激されたのだろうが、地質学者のグローヴ・カール・ギルバートやスタンフォード大学初代学長デイヴィッド・スター・ジョルダン（スタンフォード大学はこの地震で新築の地質学棟を失った）、そして多くの新聞記者までもが欺された。ギルバートは、オレマの牧場でウシが地割れに飲み込まれたと報告したのだ。ポイント・レイズ・ステーションのすぐ南でウシの尾だけが残っていたが、その後この尾も野犬に食べられたという。ギルバート自身はこのウシやその尾を見ていなかったし、ウシを飲み込むほど大きな地割れを探しても見つからなかった。しかしギルバートは「この点で十戒を疑う余地はない」と述べ、地割れは「一時的に壁が開いた」ためだとした。おそらく農場経営者のペイン・シャフターはギルバートたちに悪のりして語ったのだろう。実際には「シャフターが死んだ牛を埋葬している最中に、地震が起きた」のだとフラドキンは書いている。「シャフターは牛を埋葬し、煩わしい新聞記者やら地質学者やらにお誂え向きの話をでっち上げたのである」[13]。

　今日のカリフォルニアを見てみると、地震学者や地球物理学

パニック映画『大地震』（監督マーク・ロブソン　1974年）のポスター。ロサンゼルスでの大地震をテーマにしている。

者、技術者、建築家そして保険業者を別にすれば、いまでも大半の住民が「無関心を装っている」。カリフォルニアではカルトに事欠くことはないのだが、カリフォルニアに地震カルトは存在しないし、地震を反映した文化現象もほとんど見られない。F・スコット・フィッツジェラルドの『ラスト・タイクーン』のような地震を取り上げた小説がたまにあるくらいだ。さらに驚いたことに、その景観が注目を集めるカリフォルニア州では、州政府は旅行者のためにサンアンドレアス断層に案内標識を設けるつもりなどはほぼないようだ。アリゾナ州のグランドキャニオンのように重要な地勢であるというのに、この断層全体で、標識があるのは3カ所だけである。1990年代にサンアンドレ

アスを訪れたフラドキンは、そのときの体験を独特の生き生きとした筆致で『マグニチュード8（Magnitude 8）』に著し、「これほど強力な力が作用する土地に、あるいはその近くに住むのはどんな気分なのだろう？」と問いかけている。彼の率直な答えはこうだ。

> 多くの人々はその存在すら知らない。ほとんど標識というものがなく、破壊的災害もめったに起きないからだ。一方、断層が存在することをあまり考えようとしない人々もいる。断層沿いで出会った人々の大半がこうした態度である。移ろいやすい気質の大衆の間では、長期記憶が育まれることはないのだ[14]。

　ハリウッドの映画プロデューサーたちは、大衆の気分を利用して金を稼ぐことには決して抜かりがないのだから、この大衆の無関心についても感じ取っていたに違いない。カリフォルニアの地震を取り上げた有名な映画が2本ある。チャールトン・ヘストンがエンジニアを演じたパニック映画『大地震（Earthquake）』（1974年）では、ロサンゼルスが巨大地震で破壊される。反ユートピア的な近未来SF『エスケープ・フロム・L.A.（Escape from L.A.）』（1996年）でもロサンゼルスが破壊される。

　しかし現実に目を戻すと、ユニバーサル・スタジオ（『大地震』が撮影された）のテーマパークにある自然災害セクションで来園者が体験する地震は、断固としてロサンゼルスではなくサン・フランシスコの地震なのである。サンセット・ブールヴァードはハリウッド断層の真上かそのすぐ北側を通っているが、足下に隠れている断層を示す標識は一切ない。ロサンゼルス観光局が運営する観光情報センターによれば「断層はアトラクションではない」ということなのだろう。非常に大きな危機「ビッグ・ワン」がいつロサンゼルスを襲うかについてはまったくわからない状況で、サンアンドレアス断層系とともに生きてゆく、終わることのないリスクを否定し、あるいは少なくともそのことを忘れられるのは、人間だけだ。

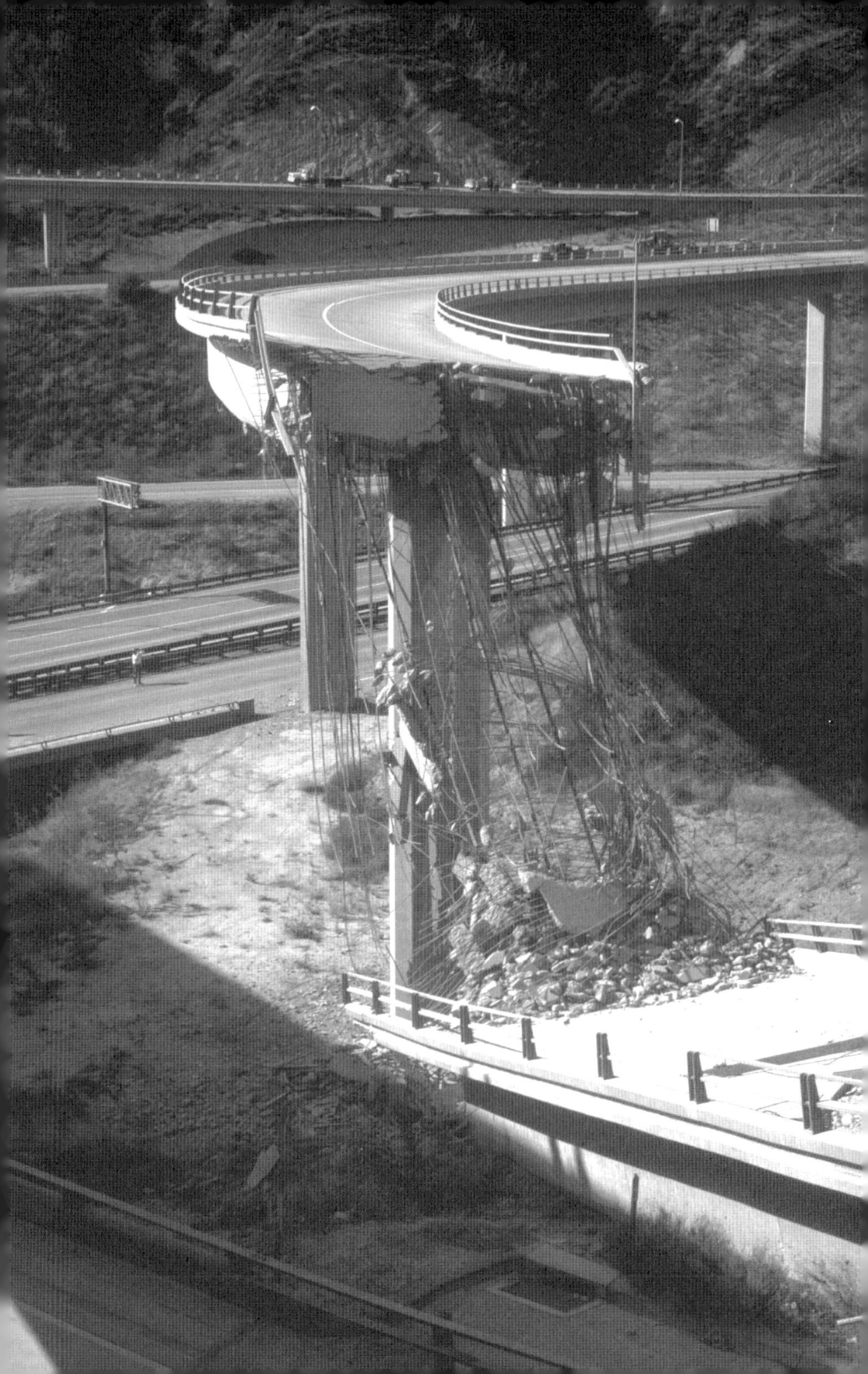

第 8 章　予測できない現象を予測する

　ロサンゼルスに隣接するサン・フェルナンドヴァレー地域のノースリッジを揺るがした 1994 年の地震は、大地震の際にロサンゼルスに起こりうると懸念されていたことが現実となった。マグニチュードは 6.7 と比較的小さかったが、震央近くでの地盤に与えられた加速度は、それまで北アメリカで測定された最大の値を記録し、重力加速度の 1.7 倍に達した。

　被災した一帯は、半世紀前の第二次世界大戦以前はほとんどが農地だったが、1990 年代までには開発が進み密集地になっていた。大規模な高速道路網は各所で激しく破壊され、海外メディアの注目を集めたが、偶然にも地震が発生したのが午前 4 時 31 分という時刻だったため、多数の通勤ドライバーに犠牲者が出る事態はほぼ避けられた。しかし、ロサンゼルス警察の白バイ警官が崩落したインターチェンジから 12 m 落下して殉職した。その警官を讃えて、1 年後に再開されたインターチェンジには、彼の名が付けられた。

　被害は概算で総額 200 億ドルに及び、地震災害としてはアメリカ合衆国史上最大の被害額となった。長年ロサンゼルスで暮らし、この破壊の光景に刺激を受けた映画監督ジョン・カーペンターは、「私たちたちはポンペイで暮らしながら、火山の噴火を待つと同時にそれを否定している」という想いを抱き、パニック映画『エスケープ・フロム・L.A.』の製作に取りかかったと、『ロサンゼルスタイムズ』に語っている[1]。

　ノースリッジ地震の直後、スーザン・ハウは『世界を揺るがす科学 (Earthshaking Science)』で次のように述べている。「南カリフォルニアの地球科学者たちがまだアドレナリンラッシュの半狂乱状態で騒然とし、大きく破壊的な局所地震も付随して起きていたとき」のことだが、この地震を誰か予知できたのか

1994 年南カリフォルニアで起きたノースリッジ地震で崩落した高速道路のインターチェンジ。

映画『エスケープ・フロム・L.A.』(監督ジョン・カーペンター、1996年)のスチール写真。

と「ある著名な地震学者」に質問した者があった。するとその地震学者は地震発生後にもかかわらず皮肉混じりに「まだだ」と答えたのだという[2]。

　地震予知は、誘いに乗って手を伸ばしてみても決して届くことのない魅惑的な幻覚のようなものだ。地震学愛好家といった立場であれば、大きな地震の後に地震予知に成功したと主張して、その「実績」らしきものを次なる自らの地震予測に向けることもできるだろう。しかし、この分野の研究者であれば、大きな地震が「どこで」起きるかについてはかなりうまく予測できても、地震が「いつ」起きるかについては予測能力を超えている。それでも地震学者は常々地震予知の誘惑にかられてきた。

　先に述べたように、日本の指導的地震学者大森房吉は関東大震災は起きないと考えていたが、1923年にその予測は完全に外れた。一方、同僚だった今村明恒の予知はいくぶん違っていた。今村の予測は震央が的中し(相模湾海底)、発生時期も1905年から50年以内という予測枠に収まった。しかし今村の予測には根拠となる信頼性の高い理論がなかった。1970年代には地震予知もかなり科学的信頼性が高くなったようにも思われた。その後アメリカ合衆国では評判の高いある地質学者が、1980年代後半にペルーでマグニチュード8.4の地震が起きると予測した。発生時期についてはその後1981年6月と修正され

152　　Earthquake

た。この地震予知によってペルーはパニック状態になったが、その予測は外れた。1989 年にはある気候学者がアメリカ中西部で 1990 年 12 月 3 日に大きな地震が発生すると予測した。そこはすでに複数の地震学者により地震活動の可能性が懸念されている土地だったこともあり、ミズーリ州の住民は地震保険に 2200 万ドルを投じたが、このときも何も起きなかった。一方で、2009 年にはイタリアのアブルッツォ州で群発地震が起きていたが、政府系の科学者はこのあと大地震が起きる可能性はないと予測した。ところが 1 週間後マグニチュード 6.3 の地震がラクイラを襲ったのである。第 1 章でも触れたように、このとき予測を立てた科学者らは後に市当局により起訴されている。震災の生存者のひとりで妻と娘を亡くしたある外科医は「あの晩ラクイラの高齢者はみな、最初の揺れで屋外へ出てそのまま屋外で夜を過ごした。インターネットやテレビ、科学に接する機会が多い者、つまり私たちは屋内に止まった」と悔しさをにじませた[3]。

　科学者の間でほんのわずかでもその威信を保てた唯一の地震予知といえるのが、1975 年中国で起きた海城（ハイチョン）地震だろう。中国東北地区の遼寧（リャオニン）省では 100 年以上大きな地震はなく、中規模の地震も比較的少なかったが、1974 年の初め頃から小さな揺れが増加しはじめた。最初の 5 カ月の間に、中国の科学者は通常の 5 倍の地震を観測した。さらに一帯は隆起すると同時に北西方向に傾き、地磁気の強さも増加していることがわかった。また地電流異常と井戸の水位の異常も観察された。当時の国家地震局は遼寧省で 2 年以内に中程度から強い地震が発生すると地震予測を発表する。12 月 22 日、再び群発地震が発生した。これで地震予測はさらに絞り込まれ、マグニチュード 5.5 から 6 の地震が、主要工業港である営口（インコウ）市で、1975 年上半期中に発生することが予測された。

　地震の影響を受ける可能性のある地域では動物が奇妙な行動を取りはじめていた。ヘビは冬眠から早く覚めてしまい雪の中で凍死した。ネズミが非常に動揺した様子で群れになって出現し、しかも人間を恐れなかった。小さなブタは自分の尾を嚙み切って食べてしまった。さらに井戸が泡立ち始めた。群発地震は 72 時間で 500 回を数え、1975 年 2 月 4 日午前 7 時 51 分の

マグニチュード5.1の地震で頂点に達した。続いて中程度の揺れが何度も襲ったが、夜までには群発地震の活動は収まっていった。

　しかし、営口市の地震局では午前8時15分の緊急会議で、前陸軍将校の局長ツァオ・シャンキンが地方党員を叱咤激励し、ただちに全員避難を決定する。2月4日午後2時、300万人に避難命令が出されると、市民は屋外の藁葺きの差し掛け小屋やテントでその夜を凌いだ。遼寧省南部の市民はパニックを起こすこともなく避難命令に従った。外気温はすでに氷点を大きく下回っていた。海城市では地震観測員に緊急事態といった感覚はなく、避難もそれほど大規模ではなかった。

　その日、ツァオ・シャンキンは午後8時までに地震が起き、さらに地震発生が午後7時であればマグニチュード7、午後8時ならマグニチュード8の地震が起きると予測していた。午後7時36分、地震が発生した。マグニチュードは7.3。夜空一面に閃光が走り、大地はうねった。水と砂が高さ4.5mまで噴き上がり、道路や橋が崩れ、農村は崩壊した。営口に隣接する人口9万の都市海城では大半の建物が倒壊した。しかし人々は屋外へ避難しており、また地震が襲ったのが夜でもあったため、学校やオフィスビル、工場などの巨大な石造建築に人はいなかった。そうでなければ数万人の死者を出していたところだが、地震と火災、低体温症での死者を合わせて約2000人に止まった。

　しかし、海城地震から1年半後、北京の東120km、人口100万を抱える工業と鉱山業の拠点、唐山の人々は、海城の人々のような幸運に恵まれることはなかった。海城地震よりも大きいマグニチュード7.5の地震が、前震もなく突然午前3時42分に襲いかかった。科学者が観察したわずかな前兆として、たとえば地震の前夜に奇妙な光が見えたり、井戸の水位が揺らいだりしたが、地震を予測するには不十分で、当局はそうした情報を無視していた。唐山一帯は遼寧とは違い、国家地震局による特別監視地域には入っていなかった。唐山の人々はみな就寝中だった。犠牲者数の実際の数字は当局によって隠蔽されたが、少なく見積もって25万人、おそらくは75万人にも達したとみられている。20世紀の地震による犠牲者数としては最悪の数

1976 年、中国の唐山（タンシャン）地震で並木が 1.5m ずれた。地震から 6 年後の写真。

字となった。

　1975 年に北京から発せられた党の論評によれば、「海城地震は予測に成功し、多くの人の命を救うことができた」[4]。後に王克林（ワンケリン）、キフ・チェン、シホン・サン、アンドン・ワンが注意深い調査をし、その 2006 年に『アメリカ地震学会誌（Bulletin of the Seismological Society of America）』に発表され、そこでは両義的な指摘がされていた。この論文でも営口でのツァオ・シャンキンの熱血的な行動が人命を守るために重要だったことを認めている。

　しかし同時に、ツァオが、地震の発生時期と大きさの詳細を予測する科学的理論より、自分の本能的直観で行動していたことも明らかにしている。ハウは地震予知について考察した著書『予測できない現象を予測する（Predicting the Unpredictable）』で「ツァオの常識はずれともいえる地震予測は、前震活動のある種の外挿に基づいていた」ことを指摘している[5]。ツァオ自身はインタビューに答え、『偶然発見された銀川の記録（Serendipitous Records of Yingchuan）』を参考にして予測したとしているが、この記録に述べられているのは、秋に集中豪雨があれば冬には地震が起きるというものだった。

第 8 章　予測できない現象を予測する　　155

1974年の秋に豪雨があり、その間地震活動も活発になっていたことから、ツァオは暦の上で中国の冬が終わる2月4日午後8時までに地震が起きると予測したのだった。しかしツァオはこの時間を間違えていて、暦上の冬の終わりは実際には午後7時だったので、彼の考え方が正しければ地震発生は30分遅れていたことになる！

　科学としての地震予知にこうした波瀾万丈の歴史があることは不思議ではない。1958年チャールズ・リヒターは「膝の上に板を乗せて曲げてゆき、その板がいつどこで割れるかを正確に予測するようなものだ」と書いている。「どんな未来予知をするにしても、想像力の急所を握られることになる。有能な地震学者でさえその予知という名の鬼火に魅せられ方向を見失ってきたのだ」[6]。予言者について、リヒターは1976年の未発表のメモで歯に衣を着せない意見を述べている。

　　彼らを蝕（むしば）んでいるのは、肥大化したエゴと、欠陥のある、あるいは無力な教育で、そのために科学の基本的なルールのひとつである自己批判を身に付けることができなかったのだ。注目を受けたいという思いが事実に対する感覚を歪め、ときには実際に嘘をつくことになる[7]。

　科学者の長期予測への期待は、主に「弾性反発説」モデルに由来する周期的概念に託されている。断層応力は一定の速度で蓄積し、一定の間隔で発生する断層破壊によって突然散逸すると考えられているのである。このモデルについては後でまた触れることになる。長期予測とは逆に短期的な予測であればすべてが前兆現象の捕捉に依存し、さらに言うなら、地震の前兆を観測するために必要な測定装置、人員、社会組織に依存してくる。有力な前兆としては前震、地盤の歪みや傾斜や標高や、電気抵抗の変化、局所的な磁場や重力場の変化、地下水位の変動、ラドンガスの放出、地下深部からの音、閃光、動物の異常行動などがある。これら前兆現象が現れるのは、大地震の数カ月前あるいは数年前ということもあり、またわずか数日前、数時間前ということもある。

　こうした前兆現象の中で最も予測に役立つのが前震だ。しか

1966年の松本地震の間に現れた地震発光。

し残念ながら前震は発生しないことも多く、少なくとも地震直前の時期には生じない。関東大震災のあった1923年の中頃には東京では前震はまったく観測されず、1976年の唐山でも前震はなく、2001年のグジャラート地震でも実質的に前震はなかった。1971年にサン・フェルナンドで起きた地震（マグニチュード6.5）はカリフォルニアの典型的な大地震だったが、このときにも前震はなかった。しかし、後にこの地域でサン・フェルナンド地震が起きるまでの30カ月間の微弱地震を再検討してみたところ、P波の速度が10％から15％低下し、地震の直前に通常の速度に戻っていたことがわかった。

　これとよく似た現象は、1950年代から1960年代にかけてタジキスタンで起きた大小の地震を詳細に観察したソ連の地震学者らによっても観測されていた。P波とS波の速度の比が周期を変動させながら低下し、大地震の前になると突然通常の比に戻っていたのである。通常の比に戻るまでに要する時間は地震によってさまざまだった。このソ連の結果にも後押しされ、アメリカ合衆国での観察結果が裏付けられたと受け止められ、しばらくの間地震予知に対する楽観的な見方が広まった。

　『サイエンティフィック・アメリカン』誌も1975年にこのテーマの記事を掲載し「近年の技術的進歩により、長い間望まれていた目的に手が届くところまで到達した。十分な財政的支援が

あれば、アメリカ合衆国をはじめいくつかの国で10年以内に信頼性の高い長期的、短期的地震予報が可能になるだろう」と宣言するまでになっていた[8]。ところが、その後サンアンドレアス断層の地震活動を広範に測定した結果、P波には予測として一般的に利用できる現象は見られなかった。この方法が予測として使えるとしても、地震学におけるその他の数多くの方法と同様、十分長期にわたり膨大な調査を続けているという特殊な地質学的環境のもとで、局所的にのみ有効な方法だろう。

地盤の隆起と沈降の解明においても同じことが言えた。1964年6月16日、日本海側の新潟市で粟島沖を震央とする大きな地震があった（新潟地震）。海岸線は突然15cmから20cm沈降した。そのこと自体はよくあることだが、1898年以降の平均潮位に対する土地の隆起をグラフ上にプロットしてみると、この突然の沈降に至るまで、粟島の対岸にあたる海岸では1年に2mm近い速度で徐々に隆起していたことがわかった。もちろんそのことがわかったのは新潟地震の後のことである。似たような問題の起こりやすい場所で、レーザー測距と衛星による全地球測位システム（GPS）を利用して標高の観測を続ければ、ゆくゆくはこうした隆起が、地震発生の有益な指標となるのかもしれない。

しかし、たとえ震災前に隆起をうまく測定できたとしても、それを解釈するという厄介な問題がある。最もよく知られた例が「パームデール・バルジ（Palmdale Bulge）」で、ロサンゼルスの北約72kmのパームデールを中心とし、サンアンドレアス断層に沿って160kmにわたる南カリフォルニア一帯が隆起していることがわかった。この隆起は1960年代（つまりGPSの登場前）から測定され、なんと35cmも隆起したと言われたが、その後の研究によりこの数字は測定誤差から生じたことが指摘され、1970年代になるとこの隆起が本当に存在するのかどうか熱い論争となった。隆起が存在するなら、それは何を示唆しているのか、ひょっとするとこの地域に地震の危険が切迫しているのだろうか（パームデール・バルジはサンアンドレアス断層の南部セクションにあり、この全長300kmの範囲は1857年以来動いていない）？　最終的には、パームデール一帯にかなりの隆起がある確かな証拠があると判断され、それは

1964年の新潟地震前後における地盤の動き。

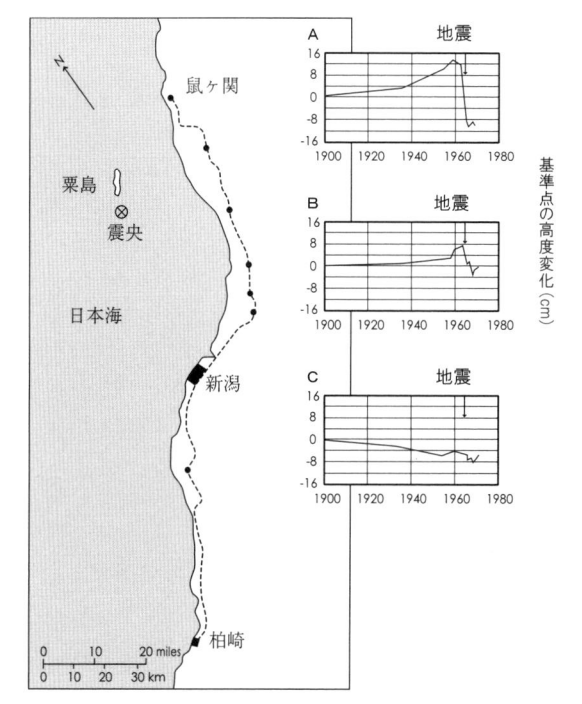

1952年のカーン郡地震の結果とされたようだ、とハウは述べている。「しかしこのバルジが震災の前兆として、期待に応えられるようなものでないことは明らかだった」[9]。

　ギリシャの3人の科学者、固体物理学者ふたりと電子工学技術者が正しいとすれば、地面の電気抵抗を調べることが、パームデールでの隆起のような現象を解明するヒントになり、また地震予知の手段となるかも知れなかった。発明者パナヨティス・ヴァロツォス（Panayotis Varotsos）、カエサル・アレクソプロス（Caesar Alexopoulos）、コスタス・ノミコス（Kostas Nomikos）の名にちなんだこのVAN法は、1898年にジョン・ミルンが英国王立協会で発表した論文で初めて報告された事実に基づいている。強い地震が起きる前には、地中を循環、変動している電流（地電流）が乱され、地面の抵抗率が変化するのである。それまでにも、いわゆる地震電気信号（SES）を検出し予知に役立てようとする努力が進められていたのだが、多く

第8章　予測できない現象を予測する　　　159

カリフォルニア州パームデール近くのサンアンドレアス断層に形成された褶曲。
直下には高速道路が走る。

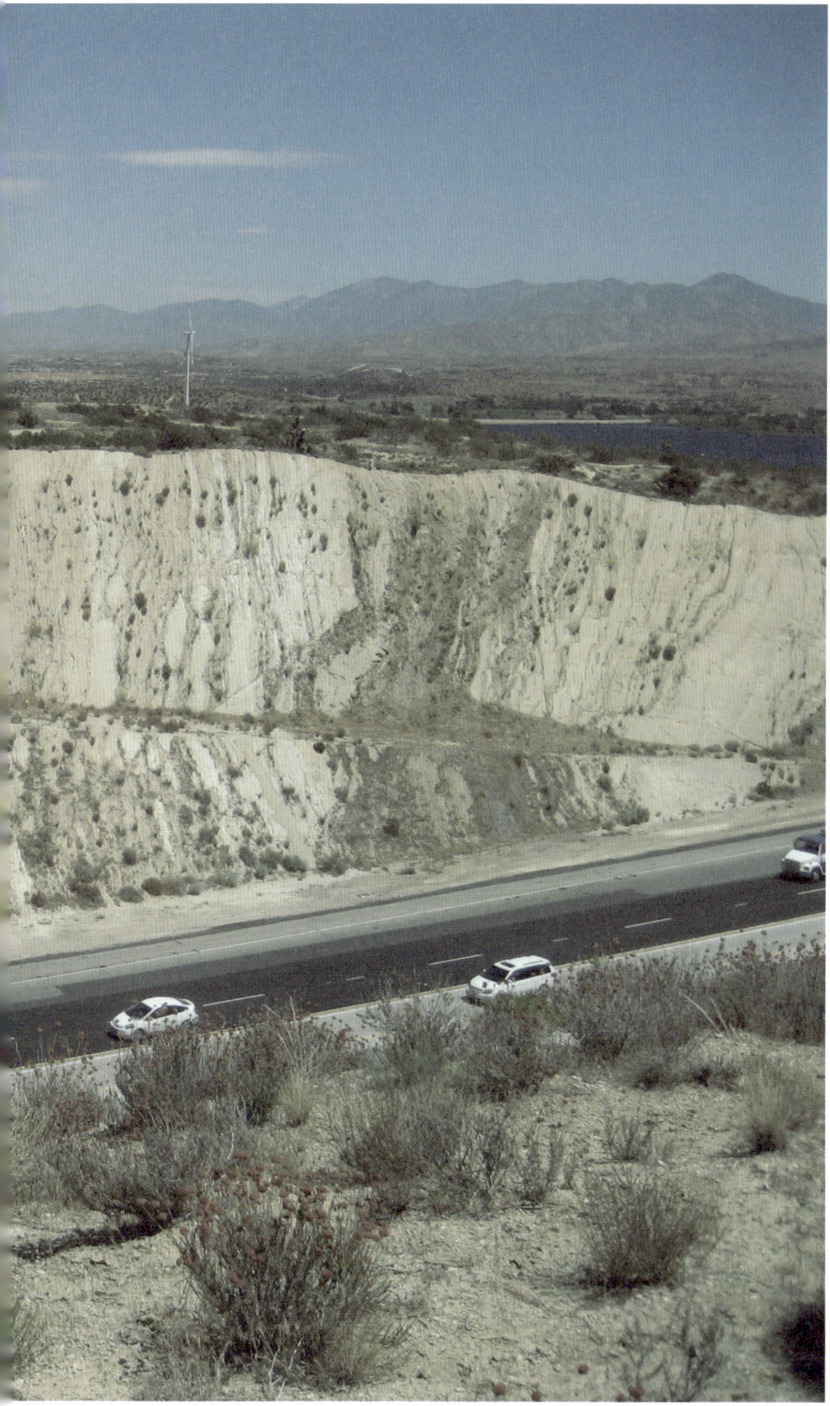

の国で失敗に終わったことから、この方法は見限られていた。しかしギリシャの科学者は1980年代にこの方法を採用して、実質的な結果を出した。1988年から1989年にかけてギリシャ周辺での17の地震の発生場所と大きさを予測し、なかなかの成功を収めたのである。

このVAN法には世界中に支持者がいるが、大いに議論の余地がある。問題のひとつとして、これは地震学全般に言えることだが、世界の地域ごとにデータ解釈という固有の問題があることだ。第2には、ギリシャと異なり地震が少ない地域ではVAN観測基地のネットワークを調整するのに長期間（数十年）を要すること。第3の問題はSESについて納得のいく物理的説明がなされていないことだ。

しかし最も深刻な問題は、VAN仮説によれば、SESは地震のときに必ず出現するものではなく、検出できるのは特定の「感受性のあるサイト（sensitive site）」だけという点にある。その結果「いくら否定的証拠があっても、つまり大地震の前にSESが現れなくても、この仮説を反証することはできない」とハウは指摘し、「ありとあらゆる否定的結果は、感受性のないサイト（insensitive site）で記録されたものとして棄却できてしまう」[10]としてこの手法を批判する。

地震発生前に動物行動の異常が現れることがあったが、抵抗率の変化とは違い、制御された実験では検証されていない。研究者はゴキブリの活動性と差し迫った地震の間の相関を示せていない。また、地震センサーを付けられたウシからも、地震が起きているときですら特段の反応は見られない。迷子ペットの広告件数と大嵐の間には相関が存在するが（大嵐の間に動物が逃げだすのだろう）、大地震との間にはそうした相関は見られない。また、こうした動物を対象とした地震実験を計画するには明らかな困難がある。それは地震学者が本能的に事例報告に懐疑的であることと、乏しい研究費はもっと可能性の高い生産的な研究に注ぎ込まれるからだ。

しかし、1975年の遼寧地震で見られたように、動物が地震の発生を察知している可能性を示す事例は豊富に存在する。そうした報告は世界中にあり、その記録は古代にまで遡ることを、ヘルムート・トリブッチが著書『動物は地震を予知する』（渡

辺正訳 朝日選書）で明らかにしている。プルタルコスは紀元前 469 年にスパルタを襲った地震をウサギが予測していたことに触れ、大プリニウスも著書『博物誌』で似たような現象を記している。イマヌエル・カントは 1755 年のリスボン地震について次のように記している。

> 地震の原因は周囲の空気中にまでその影響を広げるようである。大地が揺れる 1 時間前には、空が赤くなるなど空気の構成が変化する兆候を認めることができるかもしれない。動物たちは地震の直前になると怯える。鳥は屋内に逃げ込み、ネズミは巣穴から這い出す[11]。

1923 年に東京が地震に襲われる前、悪戯好きという伝説があるあのナマズが興奮して池で跳ね、バケツいっぱい捕獲できたという。中国ではパニック状態のネズミ（海城地震で観察された）が前兆現象として公式に指定されている。1974 年 5 月、ある科学論文によれば、この前兆現象に気付いたことで雲南省の家族が難を逃れることができた。5 月 5 日以降ネズミが家の周りを走り回っているのに主婦が気付いた。5 月 10 日の夜には、就寝中ネズミがあまりに騒がしいので、ネズミを叩いたという。そのとき、ふと地震関係の展覧会に行ったことを思い出し、屋外に避難した。すると翌朝マグニチュード 7.1 の地震が現実に発生し、その家は倒壊したという。

このような事例や何千件もの報告の中には、震動や音、電場や磁場さらに漏出された希ガスの臭いに対して、人間より敏感な動物がいることを示唆するものもあるだろう。おそらく大地から荷電粒子の雲のようなものが放出され、それに曝露されることで電気的な影響を受けると考えるのが妥当だろう。このメカニズムが解明され、動物と同じような機能を果たす手ごろな価格の検出装置が考案できれば、坑道の有毒ガスを感知するカナリアが必要なくなったように、地震予知も動物に頼らずにすむようになるだろう。

長期的な地震予知については、震災の危険性が極めて高いにもかかわらず、長期天気予報にくらべるとお手上げ状態だ。地質学的現象は極めてゆっくりと進行するため、100 年分のデー

タ蓄積があったとしても、その予知は、1分間の観測データだけで明日の天気を予測するようなものなのである。1960年代にプレートテクトニクス理論が登場するまでは、せいぜい自信を持って言えたのは、地震はたいてい以前地震が起きたところで起きるということくらいだった。今日の理論もこうした言説の焦点をわずかに絞り込んだだけで、最後に地震が起きてから長い時間が経過するほど、その場所で地震が発生する可能性は高くなると言われているに過ぎない。また科学者の多くが、地震の空白期間が長いほど次の地震の規模は大きくなると考えている。

　たとえば、ロサンゼルスの北東55kmに位置するパレットクリークで、地質学者ケリー・シーはサンアンドレアス断層に溝（トレンチ）を掘り、シルト、砂、泥とはっきり区別できる地層が、過去1400年間に起きた一連の巨大地震によって乱されたとみ

地震発生を予知する動物の行動を描いた中国政府によるポスター。

られる様子を明らかにした。シーは放射性炭素年代測定から、大地が動いた年代を特定し、ひとつを除きおおよその見積もりで 1857 年、1745 年、1470 年、1245 年、1190 年、965 年、860 年、665 年、545 年と推定した。これらから最大の地震空白期間は 275 年、最小で 55 年、平均すると 160 年になる。では南カリフォルニアが次に大地震を経験するのは、これから 10 年以内なのかそれとも今世紀中ということなのだろうか？

　パレットクリークの地震発生間隔は明らかにばらつきが大きすぎて有意義な予測は不可能だ。北カリフォルニアのヘイワード断層のほうがわずかに状況はいい。ヘイワード断層では別の地質学者ジム・リーンケンパーがトレンチを掘り、過去 1650 年の間に 12 回の大地震（推定でマグニチュード 7）があり、最も新しいもので 1868 年、最後の 5 回の地震の平均発生間隔は 140 年だったことを明らかにした。しかし、パークフィールドでの地震学者らの経験から明らかになったことだが、これでもまだヘイワード断層で次の大地震が発生する時期を予測するには証拠が不十分なのだ。

　パークフィールド（人口 37 人）は、サンアンドレアス断層上にあり、ロサンゼルスとサン・フランシスコの中間に位置する。1980 年代後半から 1990 年代の初めにかけてパークフィールドは「世界の地震首都」を自称し、パークフィールドの大地は「みなさんのために動く」と言われた。さらにアメリカ合衆国で唯一地震予知を公式に承認されたと豪語もしていた。発生間隔はおよそ 22 年で、1857 年と 1881 年に中程度の地震の記録があり、さらに 1901 年、1922 年、1934 年そして 1966 年の地震は（最後の地震については、アラスカでの地下核実験を観測するために設置された地震計でたまたま検出されたもの）科学的に記録されている。1985 年、米国地質調査所は 1992 年末までにパークフィールドでマグニチュード 6 の地震が起きる確率が 95％ と発表した。

　残念ながら、一帯の地震活動は静まりかえったままで、7 年の歳月と 1800 万ドルの費用は水の泡となってしまう。1992 年 10 月、マグニチュード 4.5 というその間で最大の地震が起きた。米国地質調査所はただちにマグニチュード 6 が予測される地震が 72 時間以内に発生する可能性があると警報を発表し

第 8 章　予測できない現象を予測する

た。カリフォルニア州危機管理局はパークフィールド・カフェの屋外に移動式オペレーションセンターを設置した。近郊の街では消防車が待機し、住民は非常用に飲料水を買いだめした。4、5局のテレビ局のヘリコプターが上空をホバリングし、新聞社数十社の記者も現場に駆けつけた。ところが地震が起きる気配はまったくなかった。

結局地震が発生したのは2004年で、最後に中程度の地震が発生した1966年から37年が経っていた。断層が予想とは逆に南から北へ破壊が進行したことを別にすれば、断層破壊の程度と地震のマグニチュードは予測通りだった。しかし予知の事例としては、文字通り条件付きの成功と見るのがいいところだ。パークフィールドでの予知実験とともに他の地域での予知失敗も重なり、大多数の地震学者は地震予知に対していっそう懐疑的になった。1970年代には地震予知の信頼性が当然のように受け止められていたが、現在そうした信頼性を共有する地質学者はいない。

1979年、4名の地球物理学者が実施した環太平洋地震の予知に関する調査を見てみよう。4人は30年間大地震の起きていないプレート境界部分を「地震空白域」と定義し、巨大地震が発生する可能性が高いと想定した。1979年以降の10年間に北太平洋で発生したマグニチュード7の地震37件を調査してみると、発生可能性が高いとされた地震空白域で起きたのが4件、中程度の可能性とされたゾーンで16件、可能性が低いはずのゾーンで17件発生していたことがわかった。「地震空白域」を想定せずランダムに発生していると考えた方が、予測と実際との適合性はずっと良くなっていただろう。

では最大級の地震だけを考慮すれば、予測が改善され「弾性反発説」モデルでうまく説明できるようになるだろうか？　それでもやはりうまくいかない。マグニチュード7.5以上の地震9件のうち、発生可能性が高いと想定されたゾーンで起きたのは1件で、3件が中程度の可能性のゾーン、5件が可能性の低いゾーンで発生していた。『ネイチャー』でセス・スタインは「地震空白域モデルは、直感的にいい感触だっただけに、もののみごとに外れたことは驚きだ」とし、「地震活動は地域によってある地域では準周期的で、別の地域では集中的に発生したりす

るのかもしれない」[12] と論評した。

　地震予知は分野全体として憶測を受け入れやすい。非科学的な手法や疑似科学的方法で行われている予知も多いのだが、それらはたいてい無視されている。しかし常に明確な理由があるわけではないが、たまにそうした予知の中に注目を集めパニックを起こすものがある。1989年12月に起きた事件もそうだった。アメリカ合衆国の独学の気候学者アイベン・ブラウニングは、太陽と月の重力によって地球がわずかに膨らみ（天文学者の計算によると1990年12月3日がピークになる）、ミシシッピ川流域で破局的大地震が誘発され、おそらく1811年から1812年にかけてミズーリ州ニューマドリッド周辺で起きた地震に匹敵すると予測したのである。

　サウスイースト・ミズーリ州立大学の地震情報センター所長の支持を受けたうえPhD（動物学）の学位をもつブラウニングは、実に『ニューヨークタイムズ』で、1989年10月17日のロマプリータ地震を「1週間前に」予知していたと報じられた[13]。『サン・フランシスコ・クロニクル』は「ブラウニングが1985年に発表した予測は、10月17日にサン・フランシスコを襲った地震をわずか6時間違いで、地震の1週間前に更新した予測ではわずか5分違いで的中させた」と書いた[14]。ベイエリア地震対策プロジェクトの責任者が後に述べているように確かに「噂が独り歩きしてしまった」[15] のである。

　この予知のおかげで中西部は数カ月間狂乱状態となり、地震発生が予知された当日、ニューマドリッドにはミズーリ州知事そして全米からマスコミの大群が押し寄せた。地震学者の協議会はビデオと筆記録に記録されたブラウニングのロマプリータ地震予知を検証し、その予知に根拠がないことを示した。またブラウニングを支持するミズーリ州の地震学者が、地球物理学でPhDは取得しているにしても心霊現象を信じていることも報じられた。それでも市民はそうした理性的議論に耳を傾けることはほとんどなかった。

　10年後、この地方を題材にしたジェイコブ・アペルの短編小説「比較地震学（A Comparative Seismology）」が出版された。ある詐欺師が米国地質調査所の地震学者を装い、年輩の独身女性にこう言う。「ニューマドリッド断層は200年近く動い

ていない。地震張力は日に日に蓄積されているのです。しかしあなたにはその作用は感じられないし、いままでも地震はありませんでした。しかし最後には必ず来るんですよ、ミス・シルヴァー。私が科学的に保証します」[16]。自称地震学者を信用した女性は、地震が来るから逃げるようにという警告を真に受け、大金を失ってしまったのである。

　まっとうな科学コミュニティーなら、このような予知は世間に広まる前かに抑えこんでいただろうが、対応するのが遅かった。科学コミュニティーがブラウニングの予知を真剣に受けとめなかったことも一因であったし、地震予知を扱う科学的方法が一般的に信頼性に欠けていたことも一因で、そのことは特にミシシッピ川流域（観測網が行き届いているカリフォルニアとは対照的だ）の地震について言えた。また米国地質調査所などの連邦政府関連機関と、大学の地震学者との間の駆け引きもあった。

　ノースウェスタン大学の地質科学教授セス・スタインはこうした大騒ぎに巻き込まれるのを嫌っていた。それでもアメリカ中西部における地震の危険性を扱った示唆に富み目配りの利いた著書『延期になった災害（Disaster Deferred）』でスタインは、1989年から1990年にかけて大衆の間で起きたこの大げさな反応は科学者にも責任があることを認めている。

　　　ブラウニングの予知は、用意された薪に点火する火花だった。ここで薪になったのは、連邦政府や州の機関、そしていくつかの大学の科学者が過去の地震や将来の危険性について大衆に語ってきた内容だ。それがこの予知によって大きく誇張され、厄介なことになったのだ[17]。

　ニューマドリッド事件の10年前には、坑道で発生する「山跳ね」という地震に似た現象を研究する誠実な地質学者ブライアン・ブラディが、1981年6月ペルーで巨大地震が起きるとする悪名高い予知をしていた。「山跳ね」は、坑道の掘削によりそれまで隣接する岩石にかかっていた圧力が減少するときに発生する。ブラディは実験室で破砕した岩石を分析していて、その破砕の過程にはいわば「時計」のようなものが存在す

ることを確信した。その時計はいったん動き出すと無情に時を刻み続け、ついには地震が発生するのだが、その時計が時を刻むごとに中程度の前震が生じているというのである。ブラディは、歴史上の地震活動と現在の地震活動のデータがあれば、一般的な地震についてもそれがいつ起きるかを正確に予知できると主張していた。

　この理論によれば山跳ねという小規模の（微視的な）現象と大規模な（巨視的な）地震のメカニズムは基本的にはまったく同じで、科学的には「スケール不変」な現象だということになる。ところが坑道壁面とは違って断層には常に甚大な圧力がかかっていることから、同僚の地球物理学者らはこの理論を受け入れなかった。地球物理学者らは 1981 年初頭に、同僚の前でブラディのいわば「裁判」を行った後で、地震予知評価審議会を通してブラディの理論は容認できないことを公式に発表した。ただ同僚らがわかっていながら口に出さなかったことがある。それは最終的にブラディの理論が正しいとなれば、地震研究は大規模に再編成され、研究資金の流れも野外研究から実験室研究へと移行してしまうことだ。

　これまでも予知がニュースに取り上げられることはあったが、ブラディの予知はトップニュースになった。しかしブラディはその予知を取り下げず、問題はペルーとアメリカ合衆国の政治問題にまで発展してしまう。ペルーでは大統領や政府、科学界もその予知を真剣に受け止める一方、ワシントンやアメリカ合衆国地質調査所ならびにアメリカ合衆国鉱山局では、いくつかの異なるグループがそれぞれの思惑でこの予知を利用しようとせめぎ合っていた。1970 年の地震で 66000 人を失ったことがまだ記憶に新しいペルー国民は、1981 年 6 月 28 日が近付くにつれ神経質になっていた。週末には貧富の別なく多くの人が町を離れ［当日 6 月 28 日は日曜日］、首都リマは不気味なほど静まりかえっていた。

　何も起こらなかった。だからといって予知の根拠となる理論の評価が落ちるわけではなかった。問題の科学者は変人だったわけではなく、自らのモデルに対する思い入れのあまり、度を越してしまったのだった。一方批判する科学者にしても、合理的な独自理論があるわけでもなく、弱い立場にあった。地震が

起きると予知された日が近付くと、ブラディは次のように自ら の立場を主張した。

> 地震学会に所属する多くの科学者は現在、断層に沿う自由な動きを抑止する傾向のあるアスペリティ（断層面の摩擦が大きい部分）が加わったことで複雑にはなったが、断層の単純なモデルに夢中だ。このアスペリティが破壊されれば地震が起きるというわけだ……しかし、私はまず、どのようにしてそこに断層が生じたのかという基本的な問題に取り組む必要があると考えている[18]。

　先見の明のある指摘だった。地震学者らは現在ようやくこの課題に正面から取り組みはじめたところだ。その中のひとりは悲しいほどの率直さで自らを、「疾病について理解できてはいないが治療をしなければならず、とりあえず瀉血をする」18世紀の医師にたとえる。その結果科学的課題の見通しは以前より良くなるどころか悪くなるだろうと、その研究者は指摘する。地球に関する知識が拡大したのは、新しい測定装置の驚異的な進歩によるものだが、皮肉にもそれは「私たちの理解不足を拡大する働きもあった」[19]。
　おそらくアメリカ中西部の地震がこうした指摘の正しさを示す最も良い例だろう。このような禁断の地震を発生させる目に見えないプレート内断層運動の原因と本質は何なのか？ 1990年代初頭からミズーリ州ニューマドリッド一帯がGPSで非常に正確に調査されるようになったおかげで、北アメリカプレートの動きは年間2mm以下であることがわかった。サンアンドレアス断層が平均で年間36mm動いているのとくらべれば、北アメリカプレートは実質的に静止状態にある。だとすれば1811年から1812年にかけて発生したようなプレート内巨大地震が再び発生するのだろうか、それとも逆に一帯は地震活動が不活発だと考えるべきなのだろうか？　科学者、政府当局そして住民にとっても重大な問題で熱心に議論もされているが、地震予知が相変わらず先行きがみえないように、この真理が解明されるのもまだまだ先のことになるだろう。

第 9 章　地震への対策

　様々な専門分野の科学者が地震とその予知について研究し、理論化を進めているが、行政や制度、個人は地震の脅威から命を守るために何ができるのだろうか？
　世界の大都市の約半数が地震リスクのある地域に位置している。1992 年カイロで起きた地震は比較的小さかったが（マグニチュード 5.8）、震央がカイロの南 35km、オールド・カイロからだと南にわずか 10km の地点だった。このときエジプトでは 545 人が犠牲となり、負傷者が約 6500 人、5 万人が家屋を失った。全壊したビルが 350 棟、その他に大きく損壊したビルが 9000 棟以上、350 校の学校、216 のモスク（アル＝アズハルモスクの尖塔の上部も崩落）とギザの大ピラミッドなどの古代遺跡も破壊され、ピラミッドからは巨大なブロックが転がり落ちた。この地震で、その大きさには見合わない多大な犠牲者と構造物の損害が生じた原因は、前回の地震が 1847 年でその後 150 年の間カイロに破壊的地震が起きていなかったことも一因だった。それゆえカイロには建物の耐震規制がなく、地震発生に備えた住民のための災害対策も講じられていなかったのである。犠牲者の大部分はいい加減に施工された賃貸アパートで暮らしていた貧困層の人々や、倒壊する教室から逃げ出そうとして出口に殺到したまま押しつぶされた生徒たちだった。一方で、カイロでもしっかりと建設されたビルはほとんど被害を受けなかった。地震学者がよく言うように「地震の犠牲になるのではなく、建物の犠牲になる」のである。
　1976 年の大地震のときは「どこより最も安全なのは地下だった」[1]。当時唐山の街の地下にはおよそ 1 万人の坑夫が働いていたが犠牲者はわずかに 17 人で、不運だった地上の家族とは状況がまったく違っていた。ハイチの首都ポルトープランスで

1992年、エジプト、オールド・カイロは地震で破壊された。

　2010年に起きた大地震では犠牲者が特に多かった。ビルの支柱が基準を満たしていないコンクリートや、適切に鉄筋が入っていない軽量コンクリートブロックで作られていたため、多くのビルがパンケーキのように積み重なってつぶれてしまったからだ。地球全体では今も何億人もの人々と、何十億ドルになるのか想像もつかない莫大な財産とともに、常に地震のリスクに曝(さら)されている。しかもリスクに曝される人口と財産総額はこれからも増加し続けるのは確実だ。

　カイロやポルトープランスをはじめ地震リスクを抱える大部分の都市とは対照的なのが日本の首都東京で、地震を避けられない現実を見据え、首都圏に影響を及ぼしうる多くの断層を監視するため、測定装置が集中的に設置されている。さらにこれらの装置はハイテク制御センターに接続されている。1977年以降、科学者らからなる「地震防災対策強化地域判定会」が常に不意の地殻の動きに対応し、日本政府に警戒宣言を発令するかどうかを助言するために待機している。地方自治体は広域避難場所を指定し、念入りな広報活動を通して人々に周知させている。1923年に関東大震災が起きた9月1日には、毎年全国各地で町を挙げた防災訓練も実施されている。厳格な建築規制も早い時期から施行されている。大規模なビルのほとんどがかなり以前から耐震補強が施され、新築ビルについては想定される最大震度に耐えうるように施工されてきた。その結果、東京の超高層ビルや高層ビルは、都内で最も安全な建物と考えられ

ている。実際に会社員や住民は地震の際には建物内に留まるように指導されているため、高層ビルの住人らは地震があっても屋外に飛び出すリスクは冒さない。従って降ってくるガラスで身を切られたり、頭上の看板が落下して死亡することもないはずだ。

　だが、こうした対策も少し考えてみれば至るところ穴だらけなことがわかるし、さらに重大なのは、現代都市は1923年の東京とくらべてはるかに脆弱になっていることだ。最高時速240kmから300kmで走行する新幹線はどうだろう？　地震動記録によって作動する列車停止装置は、走行中の新幹線に地震波が到達する数秒前に地震の発生を知らせ、新幹線は甲高いブレーキ音を立てながら停止する。2011年の東北地方太平洋沖地震と津波が襲ったときもそのように機能し、揺れが始まる9秒前、最大の揺れが到達する70秒前に27本の新幹線は非常ブレーキが作動し脱線を回避できた。しかし列車がたまたま首都直下地震の震央近くを走行中の場合、ブレーキは間に合うだろうか？　地盤が軟らかい東京湾の埋め立て地にある精油所や化学コンビナートは大丈夫なのか、専門家のアドバイスに反してこうした埋め立て地に建設された新しい高層ビルはどうなのか、1970年代に東京から南西200km、2枚のプレートの接

1923年に関東大震災が起きた9月1日は防災の日。東京では毎年防災訓練が行われている。

合部近くに建設された浜岡原子力発電所はどうなのか（この原子力発電所は、東北地方太平洋沖地震の後、福島第一原子力発電所が大きく損傷したことを受け、稼働停止中だ［2013年9月現在］）？　1992年のカイロ震災の原因となった建設業界に荒れ狂う経費削減と長期的な不正はどうだろう？　1960年に黒澤明が傑作映画『悪い奴ほどよく眠る』でこうした構造を印象的に描き出している。送電線、都市ガスや水道の本管、電話やコンピュータの回線など、通信インフラ全般はどうなるのだろうか？　誰が救急体制を調整し、緊急時対策につきまとう官僚組織間の対立関係を突破できるのか？　1995年の予測されなかった兵庫県南部地震と、やはり予知できなかった2011年の東北地方太平洋沖地震後の被害と行政の対応とを見ているだけに安心はできない。神戸では地動加速度が関東大震災の推定加速度の2倍に達し、耐震構造だったはずの阪神高速道路が倒壊した。神戸で倒壊した他の構造物も、手抜きやずさんな工事による粗悪建造物だったことが判明している。

　一般の人たちへのざっくばらんな問いかけに意味があるのかはさておき、東京で暮らす大部分の人たちは、東京でそれほど大きな災害が起きるとは思っていない。1990年代の初め、有名になるために東京へ移ってきた27歳のあるファッションデザイナーは、『東京は60秒で崩壊する！』の著者でジャーナリストのピーター・ハッドフィールドにこう述べている「どのくらい多くの人が犠牲になるのかはわかりません。百万なのか10億なのか？　全然わかりません。友だちとの間では話題にもなりません。地震が起きるかもしれないことは知っていますが、心の奥では本当は信じられない感じです」。東京の国際的な食料品会社で働く25歳の会社員は、もう少し現実的で「あまり心配していません。友達ともそれほど話題にしません。車でトンネルを走っているときなどに冗談で話すかもしれませんけど。どのくらいの人が死ぬかはわかりません。地震の大きさによるので。200万人くらいでしょうか？」。ハッドフィールドによれば「本書の調査段階で私が話を聞いた普通の日本人の大半は、大きな地震が起きることは聞き知っていても、それが現実になることは考えてもいなかった」[2]。

　太平洋を挟んだ対岸、サンアンドレアス断層上に暮らす人々

も日本の人々と同じように考えているか、あるいはもっと運命論的であるのかもしれない。1906年のサン・フランシスコ大地震の後、州知事はカリフォルニア地震調査委員会を立ち上げたが、サン・フランシスコの市民からは地震に関する情報収集の協力がまったく得られなかった。同委員会の委員でもあったスタンフォード大学の地質学者は後に次のように回想している。

> そのような情報は一切収集しないようにと、私たちは何度も繰り返し忠告され要請され、とりわけ情報を公表しないよう強く求められました。どこへ行っても「やめておけ」とか「口は災いのもと」あるいはまた「地震など起きたこともない」という決まり文句が返ってきたのです[3]。

旧市街の廃墟から姿を現した、輝かしく新しいサン・フランシスコは、1915年のサン・フランシスコ万国博覧会で世界中にお披露目されたが、実際には1906年以前のサン・フランシスコより構造的に脆弱になっていた。度重なる論争と1933年の破壊的なロング・ビーチ地震を経験し、カリフォルニア州がようやく最小限の耐震設計を課したのは1948年のことだった。さらに地震警報を発令するような万一の事態の詳細な計画を発

2011年、東北地方太平洋沖地震に続く津波により損傷した福島第一原子力発電所。

表したのはロマプリータ地震後の1990年だった。また、それまで地震保険を敬遠していた自宅所有者が心配して加入するようになったため、保険会社にとっては濡れ手で粟の儲けとなった。しかし、こうした保険の高額な保険料と莫大な免責金額（自己負担額）は保険内容に見合うものなのかどうかについて、地震に関する知識が最も豊富な科学者でさえ判断は分かれている。1906年の地震で大きな被害を受けたスタンフォード大学は、1980年から1985年まで地震保険に加入したが、その後の保険約款で毎年の保険掛け金が300万ドル、免責額1億ドルで、損害が補償されるのは免責額以上わずか1億2500万ドルまでとなってから地震保険は解約した。1989年の地震のとき同大学では地震保険を一切かけていなかったわけだが、大学が被った損害は1億6000万ドルだった。ジャーナリストのフィリップ・フラドキンは『マグニチュード8（Magnitude 8）』を執筆するため、1990年代後半に調査取材をした。その時カリフォルニア地震防災委員会（California Seismic Safety Commission）で

1906年のサン・フランシスコ地震で、カリフォルニア州スタンフォード大学にあった地質学者ルイ・アガシの彫像が転倒した。

176　　Earthquake

長く委員を務め委員長でもある世界的な地震災害専門家ロイド・クラッフから学んだのは、免責額が設定されている保険は無意味だということだ。クラッフ自身、サン・フランシスコの古い自宅に地震保険を掛けることなど考えもしなかった。南カリフォルニアでは、パサデナにあるカルテク（カリフォルニア工科大学）地震研究所の所長で世界屈指の地震学者金森博雄も地震保険には関心がなかった。金森はこう述べている。「私が地震を相手にする方法は、心配事を抱えないようにすることです。私が暮らしているのは比較的安価な住宅で、要するに安っぽい家なので損害も大した額にはならないでしょう。それでいいのです」[4]。金森は地震保険を掛けなかっただけでなく、カリフォルニアの多くの古い住宅やビルがしたように自宅を耐震補強することさえしなかった。

　ロマプリータ地震はサン・フランシスコを襲った3番目に大きい地震だ。最大の地震は1868年ヘイワード断層で起きた地震で、この地震の公式報告書は握りつぶされたようだが、このとき人々はサン・フランシスコ湾の埋め立て地に建物を建てる危険性に気付いたはずだ。しかし、それから1世紀以上経った1989年、ロマプリータ地震で最も大きな被害を受けた地区のひとつにサン・フランシスコのマリーナ・ディストリクトがあった。この地区はかつて埋め立て地として造成されサン・フランシスコ万国博覧会で利用された場所だったのである。マリーナ・ディストリクトが地震で液状化現象を起こしたとき、炭化した木材の破片や模造トラバーチン［大理石の一種の石材を模したタイルなどの建築用材］のかけらが噴砂とともに出てきたが、おそらく1906年の火災の名残や1915年の展覧会の残骸だろう。1991年、『アメリカ地震学会誌（Bulletin of the Seismological Society of America）』のロマプリータ地震特別号には、技術的な観察と分析がびっしり800ページにわたって詰め込まれた。編集者は序文で止むに止まれず警鐘を鳴らしている。

　　　ロマプリータ地震で確かに気付かされたのは、地震は起きて欲しいところや予測した場所に起きるとは限らないこと、また世界で最もよく研究されている活断層沿いであっても、地震が発生したり再発したりする原因とその過程に

1989年ロマプリータ地震で被害を受けた、サン・フランシスコのマリーナ・ディストリクト。

関する知識は未熟で不完全であることだ……しかし、補強されていない石造建築、ピロティー構造、腐った木材、手抜きの基礎、水締め盛土や若齢な埋め立て地に地震による強烈な地動が作用した場合の影響について、ニュースで取り上げられることはほとんどない。早くも1906年にはこうした「教訓」をすべて学んでいたはずのサン・フランシスコで、特にそうした傾向が顕著なのだ。地震の初歩的知識、災害やリスクなどについて、地震の多い州でさえアメリカ市民にはまったく知らされていないこと、それがロマプリータ地震で得られた重要な教訓だろう。そのことを思い知らされた近年の出来事がアイベン・ブラウニングのインチキ地震予知で、この予知をめぐって馬鹿げた情報が大量に飛び交ったが、その大半を垂れ流していたのがニュースメディアだった。ブラウニングの予知では1990年12月の第1週目にニューマドリッド地震帯で大きな地震が起きるはずだったが、この予知は空振りに終わった。地震による災害が極めて現実的で莫大な損害が想定されることを国

民意識に根付かせるためには、1906年と1989年の教訓をもう一度学び直さなければならないだろう。[5]

　地震国でありながら軟弱な地盤に建物を建てる習慣は、言うまでもないが、カリフォルニアや日本に限られたことではない。地球物理学者エイモス・ヌルは『世界の終焉　地震、考古学、神の怒り（Apocalypse: Earthquakes, Archaeology, and the Wrath of god）』で、歴史上の多くの文明にも存在した同様の事例を何十件も挙げ詳細に記している（1989年の地震のとき、ヌル自身も際どいところで重傷を免れた。ヌルはスタンフォード大学の研究室にいて、スチール製本棚が倒れてくるなり机の下へ飛び込んだ）。たとえばローマのコロッセウムを訪れる何百万もの観光客は、楕円形をした有名な円形競技場の外壁が一部しか残っていないことに気付くが、北側が残って南側が崩壊している理由までは思い至らない。原因は地震だ。古代ローマが崩壊してから1000年後の1349年、ローマは地震に襲われ大規模な被害を受けたが、ローマの東側に位置するコッリ・アルバーニでの被害は特に大きかった。1995年コロッセウムの基礎についての地震学的研究が実施され、音波を利用して地中部の構造を映像化してみると、コロッセウムの南側半分は沖積層

東側から眺めたローマのコロッセウム。

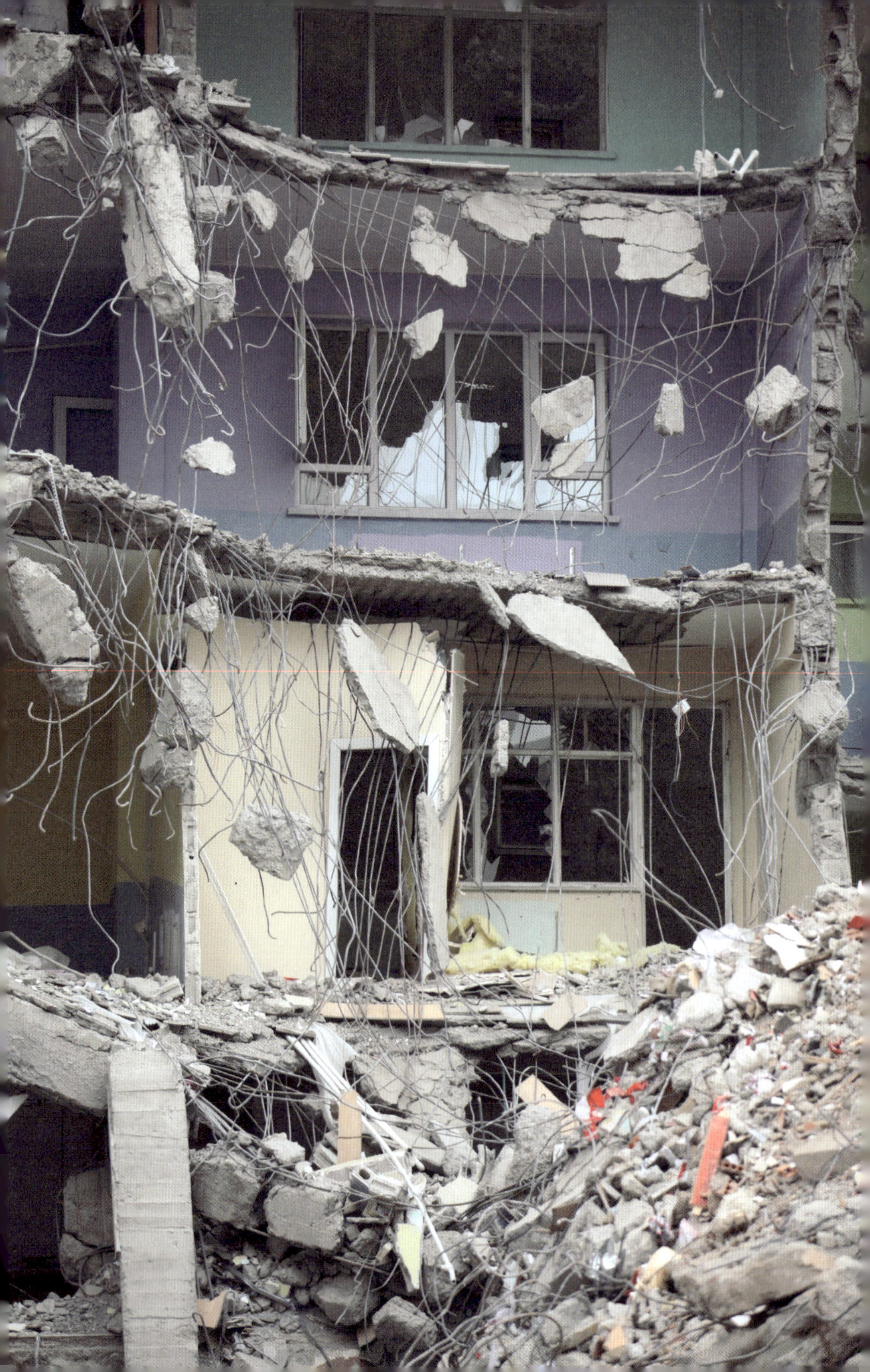

2011年トルコのワンで起きた地震による被害。6000以上の家屋が全壊した。

の地盤に乗っていることが判明した。この沖積層は今では消失したテヴェレ川支流の河床に先史時代に堆積した地層だ。一方損傷していない北側半分は支流の川岸にあたる古くて安定した地盤に乗っていたのである。

　何世紀もかけた試行錯誤により、耐震建築について多くの知識が蓄積されてきた。日本では五重塔など層塔の屋根を支える木造建築の複雑な「木組み」を進歩させた。トルコやカシミールでは「昔から人々はきしみやすきまが地震破壊に対する有効な防御になることを知っていた」とスーザン・ハウは記している。なぜなら建物にこうした隙間やゆるみが存在することで破壊的な揺れを散逸させられるからだ。「これらの地域の伝統建築は木材の構造に組石造の壁を用いるいわばパッチワーク・キルトのような構造が基本となっていて、揺れのエネルギーを無数の小さな内部変位や内部震動に分散することができた」[6]。イスタンブール（かつてのコンスタンチノープル）のアヤソフィアはビザンティン帝国随一の教会で、6世紀の建築家らは可塑性セメントを利用し、地震の際にも教会の壁が柔軟性を維持できるようにしていた。石灰モルタルと破砕したレンガに火山灰などシリカ分の多い原料を加えていたのである。この成分と石灰と水が反応し、現代のポルトランドセメントに似たケイ酸カルシウム充塡材となり、これによって地震エネルギーを吸収することができたのである。

　一方、現代の耐震設計は、鉄骨や鉄筋コンクリート構造、そして耐力壁つまり頑丈な壁体により、建物に極端な剪断力がかからないようにしている。1971年に破壊的なサン・フェルナンド地震が起き、病院などが倒壊してまもなく、カルテクの地震研究所がパサデナに建設されたが、将来地震学者が恥をかかないように建物の一部にはこの耐力壁が施工された。地震工学の最近の技術革新のひとつ「基礎免震」は、水平方向の地盤の動きを建物に伝えないようにするため、建物と基礎の間にゴムや鉛の免震層を挟んでいる。アラスカでは、トランス・アラスカ・パイプラインがデナーリ断層を横切る部分で、パイプの節の部分を滑材の上に乗せてある。2002年にマグニチュード7.9の地震が起きたとき、この断層は7m動いたが、パイプラインは破壊されなかった。（しかしこうした特殊な技術にはコスト

がかかるわけで、一般的なパイプラインの場合は、地震で破損してもよしとし、その分できる限り早急に復旧するようにしている)。

　耐震設計の性能は3通りの方法のいずれかによって検証されている。第1の方法は、建物全体の大きさ、「剛性」その他の構造特性をもとにした公式から、想定される建物の動きを計算する方法。第2の方法は、コンピュータ上で建物の模型に揺れを与えてシミュレーションする方法。第3の検証法は、建物の縮尺モデルを製作し、いわゆる「加振台」の上に乗せて物理的に揺する方法だ。この最後の方法についてはコストがかかるうえ、制約もある。耐震性能が「スケール不変」とは限らないことだ。つまり小さな模型と実際のスケールの建物では、等価な揺れが入力されても異なる応答をする場合があるのだ。それでも世界で何十台もの巨大な加振台が利用されているはずで、そのひとつはカリフォルニア大学サンディエゴ校にもあり、鋼鉄製のプラットフォームは93㎡、最大可載重量は2000tで、7階建てビルの実物大のスライス模型を試験できる。

　建物の固有周期というのは、(遊び場のブランコのように)力が加えられたときに建物が前後に揺れる時間間隔のことだが、建物の耐震性に関して重要な物理量だ。たとえば10階建

トランス・アラスカ・パイプラインは、デナーリ断層上を通過する部分で、特別に設置された滑材に乗せてある。

カリフォルニア州サン・フランシスコのトランスアメリカ・ピラミッドは巨大地震の揺れにも耐えられるように設計され、1972年に竣工した。

てビルの固有周期は約1秒で、10階高さが増すごとにおよそ1秒ずつ増加する。従って超高層ビルは背の低いビルより固有周期が長くなる。たとえば地震で地盤が水平方向に揺れ、非常に短周期、たとえば10分の1秒周期でビルが振動したとすると、ビルの中の家具などはがたがたと音を立てるが構造物そのものは動かない。しかし、たとえば地震の揺れが10秒くらいの長い周期になると、ビル全体が一体になって動くようになるが、それほど大きな揺れにはならない。しかし地震による振動周期がビルの固有周期と一致すると「共振」が生じる。ブランコを戻ってくるたびにちょうどよいタイミングで押してやると、どんどん高く振れるようになるが、それと同じように地震の揺れと共振したビルは大きく揺れる。この揺れが持続すれば、ビルが崩壊する可能性が非常に高くなる。

　しかし建物が崩壊しやすくなるもっと重要な要因がある。そ

れは建設資材の選択と、当然のことだが施工の質だ。鉄筋コンクリート造のビルは一般的に最もよく地震に耐え、木造軸組がそれに続き、レンガ造の建物は木造軸組よりずっと弱く、アドベ造（日干しレンガ）建物は最も大きな被害を受ける。イラン南東部に位置しアドベ造建物が圧倒的に多いバムの町と、隣接するケルマーン州を襲った2003年のマグニチュード6.6の地震では26000人以上が犠牲になり、アドベ造建物の弱さが実証された。中東や南アメリカのアドベ造建物は長持ちするし屋内は涼しいのだが、水平方向に重力加速度の10分の1の加速度がかかっただけでも持ちこたえられない。さらに被害を大きくしているのは、アドベは脆いため大工が壁を厚く補強しているため建物が重くなっているからで、この構造が地震の際居住者にとって致命的となる。

『延期になった災害（Disaster Deferred）』でニューマドリッド地震帯にともなう将来のリスクを研究したセス・スタインは、改正メルカリ震度階級による地震強度に対して、異なる建材で建設されたビルが崩壊する割合をプロットしたグラフを描き、建材の選択によるビルの倒壊の差異を明らかにした。さらに1811年12月のニューマドリッド地震に対して同じグラフを描き次のように分析してみせた。スタインは任意の地震について言えることとして、

> 震度は「震央」からの距離が増大するにつれて小さくなる。ニューマドリッドでは震度IX程度の揺れだった。補強されていないレンガ造の建物があったとすれば、約半数が倒壊していただろう。木造軸組家屋は約20%、鉄筋コンクリート造ビル（当時はまだ発明されていなかった）なら約10%が倒壊しただろう。地震からもっと離れたメンフィス（まだ存在しなかった）では震度VII程度になり、補強されていないレンガ造の5%が倒壊しただろうが、木造軸組家屋やコンクリート造ビルがあったとすれば、ほとんど倒壊しなかっただろう。さらにもっと離れたセントルイス（存在していた）の揺れは震度VIで建物は倒壊しなかった。[7]

スタインがこれらの数字を示した意味は、ニューマドリッド

改正メルカリ震度階級に対して、建築物の倒壊のパーセンテージを、異なる建設資材別にプロットしたグラフ。

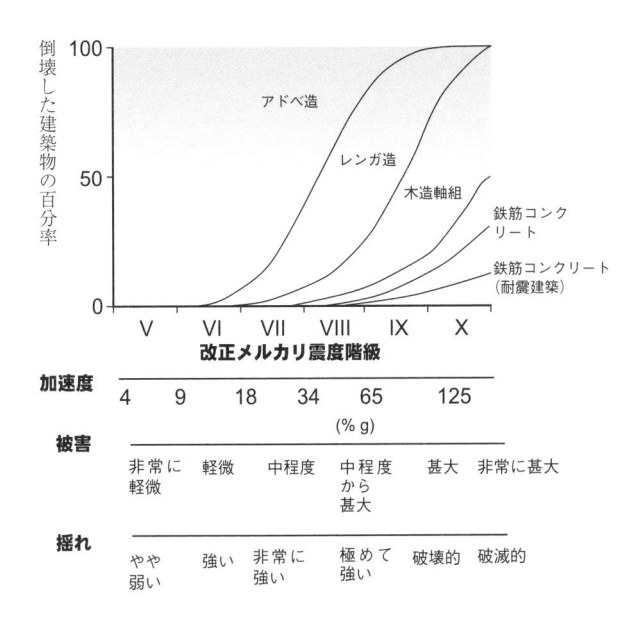

改正メルカリ震度階級	V	VI	VII	VIII	IX	X
加速度 (%g)	4	9	18	34	65	125
被害	非常に軽微	軽微	中程度	中程度から甚大	甚大	非常に甚大
揺れ	やや弱い	強い	非常に強い	極めて強い	破壊的	破滅的

地震帯で次の大地震が起きた場合のアメリカ中西部における実際のリスクを定量化することにあった。スタインの見方では、局所的なプレートの動きに関するGPS測定データが長年にわたって蓄積されてきていて、ニューマドリッド一帯で大地震が起きる可能性はほとんどなさそうであることから、アメリカ合衆国政府の「転ばぬ先の杖」的な議論の根拠はほとんどない。ところがアメリカ合衆国連邦緊急事態管理庁（FEMA Federal Emergency Management Agency）は、米国地質調査所（USGS）に後押しされ、中西部での建築規制をカリフォルニア並みに厳しくするよう要請した。耐震改修には天文学的費用がかかることはわかりきっていても、該当する都市では他のサービスを削減してでもこの費用を負担しなければならないだろう（カリフォルニアでさえ州立病院の大部分は耐震改修の基準に適合しておらず、改修には総額約500億ドルが必要となる）。スタインは中西部地震が生じた場合のリスクや連邦の防災対策案には納得がいかない。「厳しい建築基準に必要となる費用についてまったく議論がされていないのは、誰かがその費用を支払ってくれると思っているからだ」と指摘する[8]。さらにFEMAの

提案は「誤診したうえ高額な治療を施す」もので「風邪に化学療法を適用する」ようなものと批判している[9]。

　しかしこうしたスタインの主張は、1811年12月16日、1812年1月23日、そして1812年2月7日と3つの大きな地震がミズーリ州の人口の少ない地域を襲ったときの破壊力を過小評価しているわけではない。目撃者の証言によれば、これらの地震でミシシッピー川に滝が出現し、驚いたことにミシシッピー川が逆流までしたという。ティモシー・フリントという目撃者は次のように話している。

> 　ニューマドリッドの集落のすぐ下の地盤が破壊され、この大河の流れを堰き止めて逆流させ、そのせいで短時間の間に夥しい数の船が上流へ向かう流れに飲み込まれ、バイユーまで押し流されて岸に打ち上げられた。[10]

　ケンタッキー州ルイヴィルの住人ジャレド・ブルックスは、1811年12月26日から1812年1月23日にかけて600回以上の有感地震があったことを記録し、このときの地震の強さを独自に見積もって一覧表にまとめている。このときの地震でボストンの教会の鐘までが鳴ったという根強い伝説があるが、この伝説が真実でないことは、当時のボストン地域の新聞が地震

1812年ミズーリ州ニューマドリッド地震のときのミシシッピー川の船舶。

にまったく触れていないことから明らかだ。しかしニューマドリッドから 1000km 近く離れたサウスカロライナ州チャールストンでは教会の鐘が確かに鳴りはじめた。マグニチュードは 8 から $8^{3}/_{4}$ と以前は考えられていたが、実際にはそれほど大きくなかった。おそらくマグニチュード 7.4 から 8.1 の間か、もっと低くマグニチュード 7.0 だった可能性もある。しかしハウが述べているように、このニューマドリッドの群発地震は「大きな本震が複数回連続して起き、長期にわたった群発地震としては、アメリカ合衆国でいまだかつてない最も劇的な事例だ」[11]。今日これに匹敵する地震が発生すれば、ニューマドリッド一帯の現在の人口を考慮すると、アメリカ合衆国でかつてない最大級の自然災害のひとつとしてランク付けされることになるだろう。

　では、こうした災害が今後数十年間のうちに発生すると言えるのだろうか？　プレートテクトニクス理論の予測では、プレート中央部で巨大地震が起きることはなく、一帯でプレートの動きが小さいという GPS 測量による裏付けもある。サンアンドレアス断層一帯とは違い、中西部巨大地震はこの 200 年間発生していない。その代わり規模は小さいが、ニューマドリッド地震の余震は、20 世紀に入っても続いた。また、いくつかの古地震調査で噴砂の痕跡が確認されていることから、かつて 1450 年と 900 年にも大地震が起きていたことも示唆されている。しかしニューマドリッド一帯には表面断層がないため掘削調査は実施されていない。カリフォルニア州パレットクリークで掘削調査が行われているサンアンドレアス断層とくらべると、こうした噴砂の記録では確かに説得力に欠ける。「64000ドル・クエスチョン」（1950 年代のテレビ番組）での問題であれば、そのような地震が起きる可能性は低いと答えるのが妥当だろう。カリフォルニア州で大地震に備えるため大きな投資をするのはもっともだが、ミズーリ州や中西部ではそういうわけにはいかない。ニューマドリッドの建物は地震で倒壊するよりも老朽化によって倒壊する可能性の方が高いのだ。それが 30 年から 40 年この分野で研究を続けてきたスタインが唱える異議だ。

　カリフォルニア州のような地震国に話を戻すと、金銭的に余

裕がある自宅所有者の多くが家屋の耐震改修を行い、建物を基礎にボルトで固定したり、煙突を作り直したり、支持壁を補強し、さらにガス管が破壊して、関東大震災のような火災が起きないように自動遮断弁も設置するだろう。だがもっと手軽で実質的に費用がかからない予防策でも、震災時に生死を分けるほどの効果が得られる。家具や冷蔵庫など重量のある家財を壁体内の間柱に固定するだけでいいのだ。地震は3回に1回は就寝中に発生する。だから地面が揺れ始めて数秒で倒れる可能性のある家財は、ベッド周りに置かないという対策も重要だ。

　足下の地盤が非常に安定した地域で暮らしている場合は、地震のことなどあえて考えることもなく、実際に地震が起きたとしても、テレビかパソコンあるいは新聞などで知るのがせいぜいだろう。しかし筆者が机に向かいもくもくと執筆しているここロンドンでさえ、本書でもたびたび指摘してきたように、街並みが絶対に揺れないわけではない。もう忘れられてしまった感のある、あの2008年にイギリスで起きた地震は、気のせいかと思える程度だったが、確かに自分のアパートも揺れたのである。ベッドの真上にある棚には、地球科学関係のずっしり重い書籍が山積みになっている。私もそろそろこれらの書籍を移動させることを考えなければいけないのだろう。

サウスカロライナ州チャールストンにある歴史的建造物の耐震改修。

地震年表

この年表はすべての地震を網羅したものではない。この年表にあるのは非常に犠牲者が多かった地震や、極めて破壊的であった地震そして本書で取り上げた重要な地震だけで、その他に数件だけ有名になった地震を挙げてある。マグニチュードの値を示していないのは、正確な数値が得られるようになったのが20世紀中頃からであるためだ。

年　　　　　　　　　　地震発生地域または震央

紀元前1831年　中国山東省
紀元前464年　ギリシャ、スパルタ
紀元前226年　ギリシャ、ロドス島
西暦62年あるいは63年　イタリア、ナポリ湾およびポンペイ
115年　トルコ、アンティオキア
365年　クレタ島
526年　トルコ、アンティオキア
856年　ギリシャ、コリントス
1138年　シリア、アレッポ
1290年　中国、直隷省(ちょくれい)
1531年　ポルトガル、リスボン
1556年　中国、山西省
1692年　ジャマイカ、ポート・ロイヤル
1693年　イタリア、カターニア
1737年　インド、カルカッタ
1750年　イギリス、ロンドン
1755年　ポルトガル、リスボン
1780年　イラン
1783年　イタリア、カラブリア
1811-1812年　ミズーリ州、ニューマドリッド
1835年　チリ、コンセプシオン
1855年　日本、江戸（東京）［安政江戸地震］
1857年　カリフォルニア州、フォートテホン
1857年　イタリア、ナポリ
1868年　カリフォルニア州、ヘイワード
1880年　日本、横浜
1884年　イギリス、コルチェスター
1886年　サウスカロライナ州、チャールストン
1891年　日本、美濃地方［濃尾地震］
1896年　日本、三陸地方

1897 年　インド、アッサム州
1906 年　カリフォルニア州、サン・フランシスコ
1908 年　イタリア、メッシーナ
1915 年　イタリア、アヴェッツァーノ
1920 年　中国、甘粛省
1923 年　日本、関東地方［関東大震災］
1933 年　カリフォルニア州、ロング・ビーチ
1934 年　インド、ビハール州
1935 年　インド（現パキスタン）、クエッタ
1939 年　トルコ、エルジンジャン
1944 年　アルゼンチン、サンフアン
1949 年　タジキスタン、ガルム州
1950 年　アッサム・チベット
1960 年　モロッコ、アガディール
1960 年　チリ南部
1964 年　アラスカ州、プリンスウィリアム湾
1970 年　ペルー、アンカシュ
1971 年　カリフォルニア州、サン・フェルナンド
1972 年　ニカラグア、マナグア
1975 年　中国、海城
1976 年　グアテマラ
1976 年　中国、唐山
1977 年　ルーマニア、ヴランチャ
1980 年　アルジェリア、エルアスナム
1980 年　イタリア南部
1985 年　メキシコ、ミチョアカン州
1988 年　オーストラリア、ノーザンテリトリー
1988 年　アルメニア、スピタク
1989 年　カリフォルニア州、ロマプリータ
1990 年　イラン、カスピ海
1990 年　フィリピン、ルソン島
1992 年　カリフォルニア州、ランダース
1993 年　インド、ラトゥール
1994 年　カリフォルニア州、ノースリッジ
1995 年　日本、神戸［兵庫県南部地震／阪神・淡路大震災］
1998 年　パプアニューギニア
1999 年　トルコ、イズミット
2001 年　インド、グジャラート州
2003 年　イラン、バム
2004 年　スマトラ、インド洋
2005 年　パキスタン、カシミール
2008 年　中国、四川省
2009 年　イタリア、ラクイラ
2010 年　ハイチ、ポルトープランス
2011 年　ニュージーランド、クライストチャーチ
2011 年　日本、東北地方［東北地方太平洋沖地震／東日本大震災］

原 注

第1章　大地を揺るがす出来事

1 3人の感想は2008年2月27日付けザ・タイムズ（ロンドン）に掲載されたこの地震の記事から引用。
2 Thomas Short, *A General Chronological History of the Air, Weather, Seasons, Meteors, etc.* (London, 1749), vol. 1, p. vi.
3 同書 vol. 11, pp. 165 and 167.
4 Thomas Allen, *The History of the County of Lincoln* (Leeds, 1830), p. 311. チャールズ・デイヴィソンは著書 *A History of British Earthquakes* (Cambridge, 1924) で1114年の地震に触れているが(p.290)、この地震の震源が決定されていないことから「英国地震一覧表」(p.14)には掲載されていない．
5 1692年12月15日付書簡, *Memoirs of John Evelyn, Esq., FRS* (London, 1827), vol. IV, p. 342.
6 The Letters of Horace Walpole (London, 185 7), vol. n, pp. 202-3.
7 Davison, *A History of British Earthquakes*, p. 336.
8 Peter Haining; *The Great English Earthquake* (London, 1976), p. 86.
9 同書 p. 184 *Essex Telegraph*, 26 April 1884.
10 [Bureau of Social Affairs, Home Office, Japan], *The Great Earthquake of l923 in Japan* (Tokyo, 1926), p. 137.（『大正震災誌』内務省社会局編 内務省社会局）
11 M. K. Gandhi, *Collected Works of Mahatma Gandhi* (New Delhi, 1974), vol. LVII, p. 165.
12 Akira Kurosawa, *Something Like an Autobiography*, trans. Audie E. Bock (New York, 1983), p. 50.（黒澤明『蝦蟇の油‐‐自伝のようなもの』岩波書店）
13 同書 pp. 5 2-4.,
14 Haruki Murakami, *after the quake*, trans. Jay Rubin (London, 2002), p. 2.（村上春樹『神のこどもたちはみな踊る』新潮社）
15 同書 p. 17.
16 Charles Darwin, T*he Voyage of the Beagle* [1839], ed. Janet Browne and Michael Neve (London, 1989), p. 235.（チャールズ・ダーウィン『ビーグル号航海記』岩波書店）
17 Public statement by Prime Minister Naoto Kan on 13 March 2011.（「菅総理からの国民の皆様へのメッセージ」http://www.kantei.go.jp/jp/kan/statement/201103/13message.html）．
18 Darwin, *Voyage of the Beagle*, p. 232.
19 Amos Nur and Dawn Burgess, *Apocalypse: Earthquakes. Archaeology, and the Wrath of God* (Princeton, NJ, 2008), p. 6.

第 2 章 神の怒り──1755 年リスボン

1 *Illustrated London News* (30 March 1850),p. 222.
2 Charles Dickens, 'Lisbon', *Household Words* (25 December 1858), p. 89.
3 Edward Paice, *Wrath of God.' The Great Lisbon Earthquake of 1755* (London, 2008), p. xvi. 本章はこの Paice の著作に負うところが大きい．
4 Peter Gould, 'Lisbon 1755: Enlightenment, Catastrophe, and Communication, in Geography and Enlightenment, ed. David N. Livingstone and Charles W. J. Withers (Chicago, IL, 1999), p. 402.
5 C. R. Boxer, *The Portuguese Seaborne Empire, 1415-1825* (London, 1977), p. 189.
6 Paice, *Wrath of God*, p. 65. での引用による．
7 同書 p. 73. での引用による．
8 同書 pp. l15-16. での引用による．
9 同書 p. 82. での引用による．
10 Charles Davison, *Great Earthquakes* (London, 1936), p. 3.
11 Bruce A. Bolt, *Earthquakes and Geological Discovery* (New York, 1993), p. 8. (『地震』金沢敏彦訳 東京化学同人 p.7)での引用による．
12 Robert G. Ingram, 'Earthquakes, Religion and Public Life in Britain during the 1750s', in *The Lisbon Earthquake of 1755*: *Representations and Reactions*, ed. Theodore E. D. Braun and John B. Radner (Oxford, 2005), p. 115. での引用による．
13 Alexander Pope, *Essay on Man*, Epistle I, lines 285-94. (『人間論』上田勤訳 岩波書店)
14 Paice, *Wrath of God*, p. 192. での引用による．
15 Voltaire, *Candide and Other Stories*, trans. Roger Pearson (Oxford, 2006), p. 13. (『カンディード他五篇』植田祐次訳 岩波書店)
16 Dickens, 'Lisbon', p. 88.

第 3 章 地震学の始まり

1 Bryce Walker et al., *Earthquake* (Amsterdam, 1982), p. 50. での引用による．
2 Robert Mallet, *Great Neapolitan Earthquake of 1857: The First Principles of Observational Seismology* (London, 162), vol. I, p. vii.
3 同書 pp. 35-6.
4 James Dewey and Perry Byerly, 'The Early History of Seismometry', *Bulletin ofthe Seismological Society of America*, 59 (1969), p. 195.
5 A. L. Herbert-Gustar and P. A. Nott, *John Milne: Father of Modern Seismology* (Tenterden, Kent, 1980), p. 71. での引用による．(『明治日本を支えた英国人　地震学者ミルン伝』宇佐見龍夫監訳　日本放送出版協会).
6 Herbert-Gustar and Nott により推奨された。
7 Gregory Clancey; *Earthquake Nation: The Cultural Politics of Japanese Seismicity, 1868-1930* (Berkeley CA, 2006), pp. 64-5 での引用による．
8 同書 p. 101.
9 Herbert-Gustar and Nott, *John Milne*, p. 91. での引用による．
10 *San Francisco Call*, 5 August 1906.

第4章　関東大震災——1923年東京

1 Gregory Smits, 'Shaking Up Japan: Edo Society and the 1855 Catfish Picture Prints', *Journal of Social History*, 39 (2006), p. 1,046.
2 同書 p. 1,072.
3 Gregory Clancey, Earthquake Nation: *The Cultural Politics of Japanese Seismicity. 1868-1930* (Berkeley, CA, 2006), p. 218.
4 同書 p. 218 での引用による．(『太陽』12 巻 4 号 1906.3　pp.173-176）
5 同書 p. 220 での引用による．
6 同書 での引用による．
7 *The Age* (Melbourne), 4 September 1923.
8 Bruce A. Bolt, *Earthquakes and Geological Discovery* (New York, 1993), p. 20. での引用による（『地震』金沢敏彦訳 東京化学同人）
9 Clancey, *Earthquake Nation*, p. 221.
10 Peter Hadfield, *Sixty Seconds That Will Change the World: How the Coming Tokyo Earthquake Will Wreak Worldwide Economic Devastation*, revd edn (London, 1995), pp. 2-3. での引用による．(『東京は 60 秒で崩壊する！巨大地震がもたらす世界経済破綻の衝撃』赤井照久訳 ダイヤモンド社）
11 同書 p. 3 での引用による．
12 同書 p. 5 での引用による (1923 年 9 月のジャパンタイムズ紙の記事に基づく）．
13 Paul Waley, *Tokyo: City of Stories* (New York and Tokyo, 1991), pp. 171-2.
14 Ryunosuke Akutagawa, *Rashomon and Other Stories*, trans. Jay Rubin (London, 2006), p. 197.(芥川龍之介『或阿呆の一生』現代日本文學大系 43　芥川龍之介集　筑摩書房)
15 Edward Seidensticker, *Tokyo Rising: The City since the Great Earthquake* (New York, 1990), p. 39. での引用による．(『立ちあがる東京　廃墟、復興、そして喧噪の都市へ』安西徹雄訳 早川書房）
16 Yasunari Kawabata, *The Dancing Girl of Izu and Other Stories*, trans. J. Martin Holman (Washington, DC, 1997), pp. 105-8（川端康成『川端康成全集 第十一巻』新潮社 pp.185-188）．
17 [Bureau of Social Affairs, Home Office, Japan], *The Great Earthquake of 1923 in Japan* (Tokyo, 1926), p. 33.（『大正震災志』内務省社会局編 内務省社会局 序文より）
18 Hadfield, *Sixty Seconds That Will Change the World*, p. 16.（ハッドフィールド『東京は 60 秒で崩壊する！』)
19 Seidensticker, *Tokyo Rising*, p. 99.（サイデンステッカー『立ち上がる東京』）
20 同書 p. 121.

第5章　地震の測定

1 Susan Hough, *Richter's Scale. Measure of an Earthquake, Measure of a Man* (Princeton, NJ, 2007), p. 89. での引用による．
2 同書 p. 102 での引用による．
3 Philip L. Fradkin, *Magnitude 8: Earthquakes and Life along the San Andreas Fault* (Berkeley, CA, 1999), p. 271.

4 Bruce A. Bolt, *Earthquakes and Geological Discovery* (New York, 1993), p. 56.（『地震』金沢敏彦訳 東京化学同人）
5 John McPhee, *Assembling California* (New York, 1993), pp. 283-4.
6 Bryce Walker et al., *Earthquake* (Amsterdam, 1982), p. 86 での引用による．
7 Hough, *Richter's Scale*, p. 124.
8 同書 p. 130.
9 Roff Smith, 'The Biggest One', *Nature,* 465 (2010), p. 24.
10 Seth Stein, *Disaster Deferred: How New Science Is Changing Our View of Earthquake Hazards in the Midwest* (New York, 2010), p. 102.
11 同書 p. 100.
12 Fradkin, *Magnitude 8*, p. 274 での引用による．

第6章　断層、プレート、大陸移動

1 A. L. Herbert-Gustar and P. A. Nott, *John Milne: Father of Modern Seismology* (Tenterden, Kent, 1980), p. 52 での引用による．（『明治日本を支えた英国人地震学者ミルン伝』宇佐美竜夫監訳、日本放送協会）
2 同上 p. 58 での引用による．
3 Philip L. Fradkin, *Magnitude 8: Earthquakes and Life along the San Andreas Fault* (Berkeley, CA, 1999), pp. 96-7 での引用による．
4 Bryce Walker et al., *Earthquake* (Amsterdam, 1982), p. 112 での引用による．
5 Susan Hough, *Earthshaking Science: What We Know (and Don't Know) about Earthquakes* (Princeton, NJ, 2002), p. 1.
6 Seth Stein, Disaster Deferred: *How New Science Is Changing Our View of Earthquake Hazards in the Midwest* (New York, 2010), p. 122.
7 H. H. Hess, 'History of Ocean Basins', in *Petrologic Studies: A Volume in Honor of A. F Buddington*, ed. A.E J. Engel, Harold L. James and B. F. Leonard (Boulder, CO, 1962), p. 599.
8 Hough, Earthshaking Science, p. 8.
9 Philip Kearey and Frederick J. Vine, *Global Tectonics* (Oxford, 1990), p. 65. Vine による原論文は 'Spreading of the Ocean Floor: New Evidence', *Science*, 154 (1966), pp. 1,405-15.
10 Andrew Robinson, *Earthshock: Hurricanes. Volcanoes, Earthquakes, Tornadoes and Other Forces of Nature*, revd edn (London, 2002), p. 28. での引用による．
11 Fradkin, *Magnitude 8*, p. 12.

第7章　サンアンドレアス断層の謎――カリフォルニア

1 Marc Reisner, A *Dangerous Place: California's Unsettling Fate* (London 2003), p. 6.
2 Philip L. Fradkin, *Magnitude 8: Earthquakes and Life along the San Andreas Fault* (Berkeley, CA, 1999), p. 145.
3 Arthur Lachenbruch and A. McGarr, 'Stress and Heat Flow', in *The San Andreas Fault System: An Overview of the History. Geology, Geomorphology, Geophysics, and Seismology of the Most Well Known Platb-Tectonic Boundary*

in the World, ed. Robert E. Wallace (Denver, CO, 1990), p. 261.
4 Richard A. Kerr, 'Weak Faults: Breaking Out All Over', *Science*, 255 (1992), p. 1,210 での引用による。
5 Susan Hough, *Earthshaking Science: What We Know (and Don't Know) about Earthquakes* (Princeton, NJ, aooa), p. 26.
6 Seth Stein, *Disaster Deferred: How New Science Is Changing Our View of Earthquake Hazards in the Midwest* (New York, 2010), p. 73.
7 Andrew Robinson, *Earthshock: Hurricanes, Volcanoes, Earthquakes, Tornadoes and Other Forces of Nature*, revd edn (London, 2002), p. 66 での引用による．
8 Richard A. Kerr and Richard Stone, 'A Human Trigger for the Great Quake of Sichuan?', *Science*, 323 (2009), p. 322.
9 Quoted in Fradkin, *Magnitude 8*, p. 81 での引用による．
10 同書 p. 235.
11 Charles Richter, *Elementary Seismology* (San Francisco, CA, 1958), p. 498.
12 Carey McWilliams, 'The Folklore of Earthquakes' in McWilliams et al., *Fool's Paradise: A Carey McWilliams Reader* (Berkeley, CA, 2001), pp. 41-2. 同論文の初出は、*American Mercury*, 29 (1933), pp. 199-201.
13 Fradkin, *Magnitude 8*, p. 102.
14 同書 p. 11.

第8章　予測できない現象を予測する

1 the *Los Angeles Times,* 10 August 1996. での引用による．
2 Susan Hough, *Earthshaking Science: What We Know (and Don't Know) about Earthquakes* (Princeton, NJ, 2002), p. 123.
3 外科医の名は Vincenzo Vittorini. Stephen S. Hall, 'At Fault?', *Nature*, 477 (2011), p. 269 での引用による．
4 Susan Hough, *Predicting the Unpredictable: The Tumultuous Science of Earthquake Prediction* (Princeton, NJ, 2010), p. 80 での引用による．
5 同書．
6 Charles Richter, *Elementary Seismology* (San Francisco CA 1958) pp. 386-7.
7 Susan Hough, *Richter's Scale: Measure of an Earthquake, Measure of a Man* (Princeton, NJ,2007), p. 265 での引用による．リヒターのこうした罵詈雑言は「同僚の専門家ではなく、おそらくアマチュアの地震予知者たちに向けられたものだろう」とハウは解説している。
8 Introduction to Frank Press, 'Earthquake Prediction', *Scientific American*, 232 (1975), p. 14.
9 Hough, *Predicting the Unpredictable*, p. 110.
10 同書 p. 126.
11 Helmut Tributsch, *When the 'Snakes Awake: Animals and Earthquake Prediction* (Cambridge, MA, 1982), p. 15 での引用による．
12 Seth Stein, 'Seismic Gaps and Grizzly Bears', Nature, 356 (1992), p. 388.
13 *New York Times*, 27 September 1990.
14 Richard A. Kerr, 'The Lessons of Dr Browning', *Science,* 253 (1991), p. 622. での引用による．
15 Andrew Robinson, *Earthshock: Hurricanes, Volcanoes, Earthquakes.*

Tornadoes and Other Forces of Nature, revd edn (London, 2002), p. 74 での引用による.
16 Jacob M. Appel, 'A Comparative Seismology', Weber, 18 (2001), p. 92.
17 Seth Stein, *Disaster Deferred: How New Science Is Changing Our View of Earthquake Hazards in the Midwest* (New York, 2010), p. 16.
18 Richard S. Olson, The Politics of Earthquake Prediction (Princeton, NJ, 1981), p. 137 での引用による.
19 *Earthshock*, p. 75 での引用による。

第9章　地震への対策

1 James Palmer, *The Death of Mao: The Tangshan Earthquake and the Birth of the New China* (London, 2012), p. 127.
2 Peter Hadfield, *Sixty Seconds That Will Change the World: How the Coming Tokyo Earthquake Will Wreak Worldwide Economic Devastation*, revd edn (London, 1995), pp. 187-8. での引用のによる.（ハッドフィールド『東京は60秒で崩壊する！』）
3 地質学者の名は John Casper Branner. Philip L. *Fradkin, Magnitude 8: Earthquakes and Life along the San Andreas Fault* (Berkeley; CA, 1999), p. 136 での引用による.
4 同書 p. 120 での引用による.
5 Thomas C. Hanks and Helmut Krawinkler, 'The 1989 Loma Prieta Earthquake and its Effects: Introduction to the Special Issue', *Bulletin of the Seismological Society of America*, 81 (1991), pp. 1,420-21
6 Susan Hough, *Predicting the Unpredictable: The Tumultuous Science of Earthquake Prediction* (Princeton, NJ, 2010), p. 217.
7 Seth Stein, *Disaster Deferred: How New Science Is Changing Our View of Earthquake Hazards in the Midwest* (New York, 2010), pp. 225-6.
8 同書 p. 228.
9 同書 p. 234.
10 Susan Hough, *Earthshaking Science: What We Know (and Don't Know) about Earthquakes* (Princeton, NJ, 2002), p. 67 での引用による.
11 同書.

参考文献

芥川龍之介『或阿呆の一生』現代日本文學大系 43　芥川龍之介集　筑摩書房
川端康成『掌の小説』新潮文庫、1971 年
内務省社会局編『大正震災志』内務省社会局、1926 年
村上春樹『神の子どもたちはみな踊る』新潮社、2000 年

Bolt, Bruce A., *Earthquakes and Geological Discovery* (New York, 1993)（ブルース・A. ボルト『地震』金沢敏彦訳 東京化学同人、1997 年）
Braun, Theodore E. D., and John B. Radner, eds, *The Lisbon Earthquake of 1755: Representations and Reactions* (Oxford, 2005)
Clancey, Gregory, *Earthquake Nation: The Cultural Politics of Japanese Seismicity, 1868-1930* (Berkeley; CA, 2006)
Darwin, Charles, *Voyage of the Beagle*, ed. Janet Browne and Michael Neve (London, 1989)（ダーウィン『ビーグル号航海記』島地威雄訳、岩波文庫、1951 年）
Davison, Charles, *A History of British Earthquakes* (Cambridge, 1924), Great Earthquakes (London, 1936)
Dewey, James, and Perry Byerly, 'The Early History of Seismometry', *Bulletin of the Seismological Society of America*, 59 (1969), pp. 183-227
Fradkin, Philip L., *Magnitude 8: Earthquakes and Life along the San Andreas Fault* (Berkeley, CA, 1999)
Hadfield, Peter, *Sixty Seconds That Will Change the World: How the Coming Tokyo Earthquake Will Wreak Worldwide Economic Devastation*, revd edn (London, 1995)（ピーター・ハッドフィールド『東京は 60 秒で崩壊する！　巨大地震がもたらす世界経済破綻の衝撃』赤井照久訳、ダイヤモンド社、1991 年）
Haining, Peter, *The Great English Earthquake* (London, 1976)
Hall, Stephen S., 'At Fault?', *Nature*, 477 (2011), pp. 264-9
Herbert-Gustar, A. L., and P. A. Nott, John Milne: *Father of Modern Seismology* (Tenterden, Kent, 1 980)（レスリー・ハーバート＝ガスタ、パトリック・ノット、『明治日本を支えた英国人　地震学者ミルン伝』宇佐美竜夫監訳、日本放送協会、1982 年）
Hough, Susan, Earthshaking Science: *What We Know (and Don't Know) about Earthquakes* (Princeton, NJ, 2002)
——, *Richter's Scale: Measure of an Earthquake. Measure of a Man* (Princeton, NJ, 2007)
——, *Predicting the Unpredictable.' The Tumultuous Science of Earthquake

Prediction (Princeton, NJ, 2010)

Kearey; Philip, and Frederick J. Vine, *Global Tectonics* (Oxford, 1990)

Kerr, Richard A., 'Weak Faults: Breaking Out All Over', *Science*, 255 (1992), pp. 1,210-12

Kurosawa, Akira, *Something Like an Autobiography*, trans. Audie E. Bock, pbk edn (New York, 1983)

Mallet, Robert, *Great Neapolitan Earthquake of 1857: The First Principles of Observational Seismology*, 2 vols (London, 1862)

Nur, Amos, and Dawn Burgess, *Apocalypse.' Earthquakes, Archaeology, and the Wrath of God* (Princeton, NJ, 2008)

Ouwehand, C., *Namazu-e and Their Themes* (Leiden, 1 964)

Paice, Edward, *Wrath of God: The Great Lisbon Earthquake of 1755* (London, 2008)

Palmer, James, *The Death of Mao: The Tangshan Earthquake and the Birth of the New China* (London, 2012)

Reisner, Marc, *A Dangerous Place: California's Unsettling Fate* (London, 2003)

Richter, Charles, Elementary Seismology (San Francisco, CA, 1 95 8)

Robinson, Andrew, *Earthshock: Hurricanes, Volcanoes, Earthquakes, Tornadoes and Other Forces of Nature*, revd edn (London, 2002)

Seidensticker, Edward, *Tokyo Rising: The City since the Great Earthquake* (New York, 1990)（エドワード・サイデンステッカー『立ちあがる東京　廃墟、復興、そして喧噪の都市へ』安西徹雄訳 早川書房、1992 年）

Smith, Roff, 'The Biggest One', *Nature*, 465 (2010), p. 24

Smits, Gregory 'Shaking Up Japan: Edo Society and the 1855 Catfish Picture Prints', *Journal of Social History,* 39 (2006), pp. 1,045-77

Stein, Seth, *Disaster Deferred: How New Science Is Changing Our View of Earthquake Hazards in the Midwest* (New York, 2010)

Tributsch, Helmut, *When the Snakes Awake: Animals and Earthquake Prediction* (Cambridge, MA, 1982)

Voltaire, *Candide and Other Stories*, trans. Roger Pearson (Oxford, 2006)（ヴォルテール『カンディード他五篇』植田祐次訳 岩波文庫、2005 年）

Waley; Paul, *Tokyo: City of Stories* (New York and Tokyo, 1991)

Walker, Bryce, and the editors of Time-Life Books, *Earthquake* (Amsterdam, 1982)

Wallace, Robert E., ed., *The San Andreas Fault System: An Overview of the History, Geology, Geomorphology, Geophysics, and Seismology of the Most Well Known Plate-Tectonic Boundary in the World* (Denver, CO, 1990)

Wang, Kelin, Qi-Fu Chen, Shi-hong Sun and Andong Wang, 'Predicting the 1975 Haicheng Earthquake', *Bulletin of the Seismological Society of America*, 96 (2006), pp. 757-95

Wegener, Alfred, *The Origin of Continents and Oceans*, trans. John Biram, 4th edn (New York, 1966)（ヴェーゲナー『大陸と海洋の起源　大陸移動説 上・下』都城秋穂、紫藤文子訳、岩波文庫、1981 年）

Weisenfeld, Gennifer, *Imaging Disaster: Tokyo and the Visual Culture of Japan's Great Earthquake of 1923* (Berkeley CA, 2012)

関連ウェブサイト

英国地質調査所（BGS
http://www.bgs.ac.uk/

カリフォルニア工科大学地震学研究所
http://www.seismolab.caltech.edu/

ヨーロッパ地中海地震学センター
http://www.emsc-csem.org/

気象庁
http://www.jma.go.jp/

太平洋地震工学リサーチセンター
カリフォルニア大学バークレー校
http://peer.berkeley.edu/

アメリカ地震学会
http://www.seismosoc.org

米国地質調査所
http://www.usgs.gov

『ネイチャー』ウェブサイト
http://www.nature.com/

『サイエンス』ウェブサイト
http://www.sciencemag.org/

図版

AlexHe 34: p.143; Archive of the Alfred Wegener Institute:p. 116; The Bancroft Library: pp. 29, 112, 144 (California Historical Society); Ben+Sam: p. 160; Bigstock; p. 127 (M. Brandes); British Library, London: p. 28; © The Trustees of the British Museum: pp.10, 36, 54; John Derr: P. 157; Getty Images: PP. 16,172,175; Istockphoto: P. 180 (Niko Guido); The Library of the Old Dublin Society: p. 55; The National Oceanic and Atmospheric Administration: p. 126; Rex Features: pp.30-31, 52, 63 (Roger-Viollet), 173 (Roy Garner); ©Scala, Florence: p. 60 (White Images); Daniel Schwen; p. 183; Shutterstock: pp. 6 (Shi Yali), 25 (Tim Ackroyd), 179 (SF Photo); Marie Tharp Maps; pp. 118-19; TheWiz83: p.22; University of California, San Diego: pp. 34, 145; us Air Force: p. 25 (Master Sgt Jeremy Lock); us Geographical Survey: pp. 94 (W. L. Huber), 132, 137, 150 (James W. Dewey), 155 (R. E. Wallace), 176 (C. E. Meyer), 182; us Marine Corps: p. 26 (Lance Cpl Garry Welch).

索引

あ
アイスランド 121
アインシュタイン、アルベルト 96
アガシ、ルイ 176
芥川龍之介 87
アナクサゴラス 15
アナクシメネス 15
アフガニスタン 127
アベル、ジェイコブ 167
アメリカ合衆国 65, 83, 103, 109, 126, 130, 145, 151, 152, 157, 158, 165, 167, 169, 185, 187
アヤソフィア(トルコ) 181
アラスカ 8, 98, 109, 110
アラスカ地震 109, 110
アリストテレス 16
アルマゲドン(メギド) 32
安政江戸地震 75, 76, 78, 80, 89, 93
アンティオキア 26
アンティグア 26

い
イヴリン、ジョン 10
イエズス会 40, 50, 51
イェリコ 29, 33, 34
イギリス 7-14, 23, 41, 43, 46, 47, 55, 64-66, 72, 82, 100, 112, 120, 122, 131, 188
イギリス大地震 11, 12, 41
イスタンブール 22, 181
イスラエル 32, 33
イタリア 3, 8, 9, 16, 22, 23, 52-54, 58, 62-64, 68, 73, 79, 83, 111, 153
今村明恒 78, 99, 152
イラン 8, 184
インド 8, 15, 18, 24, 58, 72, 127, 130, 131, 142-144
インドネシア 8, 15, 24, 126

う
ヴァイン、フレデリック 122
ウィルソン、ジョン・トゥーゾー 122, 123, 133
ウィンスロップ4世 53
ウェーリー、ポール 86
ヴェーゲナー、アルフレート 116, 117
ヴェスヴィオ山 26, 111
ウェルズ(イギリス) 9
ウォーバートン、ウィリアム 48
ヴォルテール 17, 38, 39, 48-50
ウォルポール、ホレス 10
ウッド、ハリー 105
ウルフォール、リチャード 43

え
英国地質調査所 7
エヴァンズ、アーサー 33
エジプト 142, 171, 172
『エスケープ・フロム・L.A.』 149, 151, 152

お
王立協会 9, 11, 47, 53, 55, 56, 58, 116, 159
大島昇 83
オーストラリア 22, 46, 80, 82, 130
大森房吉 65, 72, 73, 78, 152
オカール、エミール 108

か
カーペンター、ジョン 151, 152
カイロ 22, 171, 172, 174
カイロ地震 171
火災 14, 35, 38, 42, 45, 47, 66, 75, 82, 84, 85, 89, 95, 134, 145, 154, 177, 188
火山 111, 112, 121, 125, 127, 130
カシミール 127, 181
加振台 182
金森博雄 107, 177
海洋底拡大説 121
カラブリア地震 54, 111
カリーソ平原 133-135
カリフォルニア 5, 7, 8, 41, 58, 65, 72, 95, 96, 98, 101, 103-109, 112, 114-117, 120, 123, 127, 133-141, 144-151, 157, 158, 160, 165, 166, 168, 175-179, 182, 183, 185, 187
カリフォルニア工科大学 96, 117, 140, 177 カルテクも見よ
カリブ海 8, 46, 125
カルテク 96, 103, 105, 107, 140, 177, 181 カリフォルニア工科大学も見よ
川端康成 88
ガンディー、マハトマ 18
『カンディード』 17, 38, 49
カント、イマヌエル 163
関東大震災 3, 5, 14, 15, 18, 19, 39-42, 68, 75, 80-82, 85, 86, 89-93, 99, 134, 152, 157, 172-174, 188

索 引 | 201

き

気象庁 18
キラウエア火山（ハワイ）127, 130
ギリシャ 15, 29, 32, 123, 159, 162
ギルバート、グローヴ・カール 146, 147
銀座 66

く

クーザン、ジャン（父）17
グーテンベルク、ベノー 96, 105, 106
クノッソス（ギリシャ）32, 33
クラーク、アーサー・C 128
クライスト、ハインリヒ・フォン 17
クライストチャーチ（ニュージーランド）24, 25
クライストチャーチ地震 24, 25
クラフ、ロイド 177
クランシー、グレゴリー 78, 83
グールド、ピーター 38
グールド、ランドル 83
グレイ、トマス 66, 82
クロイランド（クロウランド、イギリス）9
黒澤明 19, 21, 39, 87, 174

け

ケルヴィン卿 74

こ

神戸 21, 22, 174
コルチェスター（イギリス）11
コロッセウム（ローマ）179
コンセプシオン（チリ）23
コンセプシオン地震 23, 26, 27
コンドン、エメット 145

さ

サープ、マリー 120
サイデンステッカー、エドワード 92
相模湾 78, 82, 83, 111, 152
サン・フランシスコ 14, 18, 23, 26, 29, 38, 65, 72, 73, 79, 108-115, 133-137, 144, 145, 149, 165, 167, 175-178, 183
サンアンドレアス断層 5, 98, 114, 115, 123, 125, 126, 131-141, 144, 148, 149, 158, 160, 164, 165, 170, 174, 187
サンティアゴ（チリ）17
ザンビア 142
サン・フェルナンド地震 157, 181
サン・フランシスコ地震 14, 18, 72, 108, 109, 112-115, 134, 137, 145, 176

し

シー、ケリー 164
シェイクスピア、ウィリアム 12, 13, 19
シェファー、クロード 33
地震空白域 166
地震計 8, 56, 58, 59, 61-66, 67, 68, 72, 74, 79, 80, 82, 98, 100-108, 139, 141, 143, 165
地震電気信号（SES）159
地震のあとで 22
地震モーメント 107, 108
沈み込み 125
GPS（全地球測位システム）102, 158, 170, 185, 187
ジブラルタル海峡 46
シャフター、ペイン 147
宗教裁判（所）17, 39, 42, 49, 51
ジョアン5世（ポルトガル王）40, 41
ジョゼ1世 40, 51
ジョゼ1世（ポルトガル王）40, 51
ショート、トマス 9
ジョルダン、デイヴィッド・スター 147
ジョンストン、アーチ 109, 110
震央 7, 8, 12, 25, 45, 46, 48, 57, 59, 75, 82, 83, 95, 96, 98, 100, 101-108, 114, 120, 123, 124, 141-143, 151, 152, 158, 159, 171, 173, 184
震源 7, 10, 46, 62, 75, 98, 100-102, 108, 114, 123-127, 131, 136, 143
震度 57-59, 61, 95-97, 103

す

スタイン、セス 108, 117, 140, 166, 168, 184-187
スタンフォード大学 139, 147, 175, 176, 179
四川地震 143
スフリエール山 128
スペイン 17, 27, 28, 45, 46, 117, 131
スマトラ島沖地震 24, 29, 107, 108, 109
スミッツ、グレゴリー 78
スリランカ 24, 29
スルツェイ島 121

せ

セイシュ［＝静振］46
世界標準地震計観測網 103
関谷清景 65
セネカ 16
セント・アンドルーズ（スコットランド）9
セント・ヘレンズ火山 109, 110

そ

ソドム 29

ゾバック、マーク 139

た
タイ 24
ダイアモンド、ジャレド 33
『大地震』（映画）149
大西洋中央海嶺 100, 118, 120, 121
大陸移動 116, 117
『大陸と海洋の起源』117
ダーウィン、チャールズ 23, 26, 27, 115
タジキスタン 157
ダム 142-144
タレス 15
唐山（中国）136, 154-157, 171
唐山地震 136, 154-157, 171
弾性反発説 112, 114, 137, 138-140, 156, 166
断層（地質学）46, 78, 80, 95, 96, 98, 107, 108, 111, 112, 113, 115

ち
チェコ共和国 34
チェッキ、P・F 63
チェンバリン、ローリン 117
張衡 62
チャールストン（アメリカ）130, 187
中国 8, 29, 62, 79, 90, 92, 123, 136, 142, 143, 144, 153, 156, 163
チリ 8, 17, 23, 26, 102, 107, 110, 125
チリ地震 109

つ
ツァオ・シャンキン 154, 155
津波 4, 14, 15, 24-26, 35, 42, 43, 45-48, 54, 75, 95, 98, 109, 173, 175

て
デイヴィソン、チャールズ 8, 9, 11, 47, 112, 123
ディケンズ、チャールズ 37, 51
テオティワカン（メキシコ）32
デューイ、ジェームズ 64
デンヴァー（アメリカ）141

と
ドーヴァー（イギリス）9
東京 5, 14, 15, 18-23, 26, 28, 38-41, 58, 64-69, 72, 75, 78-92, 95, 100, 124, 134, 157, 159, 163, 172-174
東京帝国大学 64-69, 72, 78-83, 100
等震度図 57
動物 15, 40, 41, 96

東北地方太平洋沖地震 3, 25, 26, 173, 174, 175
トゥルク（フィンランド）46
トランス・アラスカ・パイプライン 181, 182
トランスアメリカ・ピラミッド 183
トリブッチ、ヘルムート 162
トルコ 8, 32, 123, 181
ドレウス、ロバート 33
トロイア 32, 33, 42

な
ナポリ 23, 39, 53, 54-57, 67, 95, 111
ナポリ大地震 57, 67, 95, 111
鯰絵 18, 75, 76, 78, 93

に
新潟 158, 159
新潟地震 158, 159
日本 8, 14, 18, 19, 21, 25, 28, 29, 39, 64, 72, 75-93, 111, 112, 152, 158, 172-175, 181
日本地震学会 66
ニュージーランド 8, 24, 25
ニューマドリッド（アメリカ）109, 167, 168, 170, 178, 184-187
ニューマドリッド地震 109, 167, 184, 186, 187
『人間論』（アレグザンダー・ポープ）48

ぬ
ヌル、エイモス 32, 34, 179

ね
ネロ 26

の
濃尾地震 68, 69, 78
ノースリッジ 25, 41, 109, 136, 151
ノースリッジ地震 25, 109, 151

は
バートン、ウィリアム 69
バイアリー、ペリー 64
ハイチ 24, 171
ハイチ地震 24, 171
海城（中国）136, 153, 154, 155, 163
海城地震 136, 153, 154, 163
ハウ、スーザン 106, 117, 122, 139, 151, 155, 159, 162, 181
パキスタン 8
パークフィールド（アメリカ）135, 165, 166
パサデナ（アメリカ）96, 177, 181

索引　　203

ハッドフィールド、ピーター 91, 174
バム 184
パームデール（アメリカ）158, 159, 160
パリ 39, 49
ハリウッド 149
パレットクリーク（アメリカ）135, 164, 165, 187
ハワイ 98, 102, 127, 130, 131
阪神大震災　→　兵庫県南部地震
パンゲア 117
ハンセン、グラディス 145

ひ
東太平洋海嶺 120, 121
東日本人震災　→　東北地方太平洋沖地震
『ビーグル号航海記』23
ヒートン、トマス 140
ビーナ、アンドレア 62
ピニャターロ、ドメニコ 54
ヒマラヤ山脈 127
兵庫県南部地震 109, 174
裕仁親王 15, 84

ふ
范筱 144
フィッツジェラルド、F・スコット 148
フィンランド 46
ブージ（インド）131
フォートテホン地震 135, 136
ブカレスト 23, 131
ブラウニング、アイベン 167, 168, 178
ブラジル 36, 40, 45, 116
フラッキング（水圧破砕）141
ブラディ、ブライアン 168
フラドキン、フィリップ 98, 131, 135, 146-149, 176
ブラバント 10
プリニウス（大）163
ブリューゲル、ヤン（父）29
ブリュン、ジェームズ 139
フリント、ティモシー 186
プルタルコス 163
ブルックス、ジャレド 186
ブレーゲン、カール 33
プレートテクトニクス 23, 58, 111, 117, 118, 122, 128, 129, 130, 133, 164, 187
プレート内地震 130, 131, 170

へ
米国地質調査所 102, 115, 137, 138, 141, 165-168, 185
ベイス、エドワード 38

北川(ベイチュアン) 143
ヘイワード地震 133, 144, 165, 177
ベーコン、フランシス 116
ヘーゼン、ブルース 120
北京 22, 154, 155
ヘス、ハリー 120
ペトラ 32
ベネズエラ 27, 28
ベラクルス（メキシコ）102
ペリー、マシュー 75
ペルー 8, 27, 43, 152, 153, 168, 169
ベルトラーメ、アキッレ 60
ヘンリー四世　第一部 12

ほ
ボクサー、C・R 40
ボストン（アメリカ）53, 186
ポセイドン 15, 16
ポート・ロイヤル（ジャマイカ）26, 28
ポート・ロイヤル地震 26, 28
ポープ、アレグザンダー 48
ボリーバル、シモン 27
ボルト、ブルース・A 101
ポルトガル 3, 4, 8, 27, 36, 37, 39, 40, 43, 45, 46, 50, 51, 53
ポルトープランス（ジャマイカ）24, 171, 172
本所（東京）85, 88
ポンバル侯爵 46
ポンペイ 26, 27, 35, 37, 38, 39, 151

ま
マグニチュード 58, 61, 68, 75, 95, 96, 98, 102
マクフィー、ジョン 105
マシューズ、ドラモンド 122
マックウィリアムス、カレイ 146
マデイラ（ポルトガル）46
マナグア（ニカラグア）26
マラグリダ、ガブリエル 50
マリーナ・ディストリクト 136, 177, 178
マレット、ロバート 55-58, 61, 62, 67, 68, 123

み
ミズーリ州 109, 130, 153, 167, 170, 186, 187
ミッチェル、ジョン 11, 47, 53, 98
ミュケナイ 32, 34
ミルン、ジョン 65-69, 72, 82, 100, 111, 112, 159

む
村上春樹 22

204　　Earthquake

め

メキシコ 8, 15, 29, 32, 102
メキシコシティ 22, 29
メキシコシティ地震 29
メッシーナ（イタリア）23, 52, 73, 79
メッシーナ地震 73, 79
メルカリ、ジュゼッペ 58, 60
メルカリ震度階級 58, 59, 96, 107, 143, 184, 185

も

モーメント・マグニチュード 107, 108, 110
モロッコ 45
モンゴル 15

ゆ

ユーイング、ジェームズ 66, 82

よ

横浜 14, 15, 23, 66, 67, 68, 82, 83, 88, 95, 111, 134
横浜地震 66, 67, 68
予知 4, 79, 83, 151-159, 162-171, 174, 178

ら

ライエル、チャールズ 115
ライスナー、マーク 134
ライプニッツ、ゴットフリート 48
ラヴ、A・E・H 98
ラクイラ（イタリア）22, 23, 153
ラクイラ地震 23, 153
ランダース地震 136

り

リスボン 4, 5, 17, 23, 26, 27, 35-51, 53, 83, 95, 98, 163
リスボン地震 35, 39, 41, 44-50, 53, 98, 163
陸峡 116
リード、ハリー・フィールディング 112
リヒター、チャールズ 95-97, 103-107, 109, 110, 146, 156
リヒター・マグニチュード 104, 106-108
リヒター・スケール 95
リマ（ペルー）22, 43, 169
リーンケンパー、ジム 165

れ

レイリー卿 98
レッジョ・ディ・カラブリア（イタリア）54
レビュア＝パシュヴィッツ、エルンスト・フォン 72

ろ

ロサンゼルス 8, 22, 25, 94, 95, 98, 134-136, 146, 148, 149, 151, 158, 164, 165
ローソン、アンドルー 115
ローマ 23, 179
ロマプリータ地震 109, 110, 115, 137, 138, 144, 167, 176-178
『ロミオとジュリエット』12
ロング・ビーチ（アメリカ）94-96, 146, 147, 175
ロング・ビーチ地震 94, 95, 146, 175
ロング・ビーチ 94, 95, 96, 146, 147, 175
ロング・ビーチ（アメリカ）146
ロンドン 7, 9, 10, 35, 37, 39, 40, 41, 44, 45, 49, 53, 92, 188
ロンドン・コロシアム 35
ロンドン地震（1750年）53
ロンドン地震（1580年）9, 13

わ

ワイト島 66, 100
ワシントン D.C. 130
和達清夫 106, 123
ワン（トルコ）181
ワン地震（トルコ）181

V

VAN法 159, 162

著者◎ アンドルー・ロビンソン（Andrew Robinson）
1957年生まれ。英国イートン校の特別奨学生で、オックスフォード大学（自然科学）とロンドン大学東洋アフリカ研究所で学位を取得。ケンブリッジ大学客員研究員および王立アジア協会会員。
芸術・科学に関する25の著書をもち、その中には受賞作 *Earthshock: Hurricanes, Volcanoes, Earthquakes, Tornadoes and Other Forces of Nature*（1993）や *The Story of Measurement*（2007）、*The Scientists: An Epic of Discovery*（編者2012）などがある。また、『ランセット』や『ネイチャー』、『ニュー・サイエンティスト』といった科学雑誌にも寄稿。
著書に『線文字Bを解読した男　マイケル・ヴェントリスの生涯』『図説 文字の起源と歴史　ヒエログリフ、アルファベット、漢字』（以上、創元社）、『図説 アインシュタイン大全　世紀の天才の思想と人生』（東洋書林）、『世界の科学者図鑑』（原書房）ほか。

監修者◎ 鎌田浩毅（かまた・ひろき）
京都大学大学院人間・環境学研究科教授。
1955年生まれ。東京大学理学部地学科卒業。通産省を経て97年より現職。理学博士。専門は火山学・地球科学。テレビ・ラジオ・書籍で科学をわかりやすく解説する「科学の伝道師」。京大の講義「地球科学入門」は毎年数百人を集める人気。
著書（科学）に『火山噴火』（岩波新書）、『マグマの地球科学』（中公新書）、『富士山噴火』（ブルーバックス）、『生き抜くための地震学』（ちくま新書）、『次に来る自然災害』『資源がわかればエネルギー問題が見える』『火山はすごい』（以上、PHP新書）、『地球は火山がつくった』（岩波ジュニア新書）、『地学のツボ』（ちくまプリマー新書）、『もし富士山が噴火したら』（東洋経済新報社）、『地震と火山の日本を生きのびる知恵』（メディアファクトリー）、『火山と地震の国に暮らす』（岩波書店）ほか。
著書（ビジネス）に『一生モノの時間術』『一生モノの勉強法』『座右の古典』（以上、東洋経済新報社）、『成功術 時間の戦略』『世界がわかる理系の名著』（以上、文春新書）、『一生モノの英語勉強法』（祥伝社新書）、『京大理系教授の伝える技術』（PHP新書）ほか。
ホームページ：http://www.gaia.h.kyoto-u.ac.jp/~kamata/

訳者◎ 柴田譲治（しばた・じょうじ）
1957年神奈川県生まれ。訳書に『図説世界史を変えた50の機械』『世界の科学者図鑑』（以上、原書房）、『生命の聖なるバランス』『地球を冷ませ！』（以上、日本教文社）ほか。

EARTHQUAKE : Nature and Culture
by Andrew Robinson first published by Reaktion Books
in the Earth series, London, UK, 2012
Copyright © Andrew Robinson 2012
Japanese translation rights arranged with Reaktion Books Ltd
through Owls Agency Inc.

図説　地震と人間の歴史

●

2013 年 11 月 10 日　第 1 刷

著者…………アンドルー・ロビンソン
監修者…………鎌田浩毅
訳者…………柴田譲治
発行者…………成瀬雅人
発行所…………株式会社原書房
〒 160-0022 東京都新宿区新宿 1-25-13
電話・代表　03(3354)0685
http://www.harashobo.co.jp/
振替・00150-6-151594
装幀……………村松道代（TwoThree）
印刷……………株式会社東京印書館
製本……………小髙製本工業株式会社
©Hiroki Kamata / BABEL K. K. 2013
ISBN 978-4-562-04945-5, printed in Japan